CALCUL

DU JEU APPELLÉ PAR LES FRANÇOIS

LE TRENTE-ET-QUARANTE,

ET QUE L' ON NOMME À FLORENCE

LE TRENTE-ET-UN.

CET OUVRAGE FAIT CONNOITRE TOUTES LES MANIERES DONT
PEUVENT ETRE FORMEZ 31, 32, 33, 34, 35, 36, 37, 38, 39, & 40 PAR
LES XL. CARTES DU JEU D'HOMBRE, ET ETABLIT LA PROPORTION
QUI EST ENTRE CHACUN DE CES DIX NOMBRES.

PAR Mᴿ. D. M.

A FLORENCE M. DCC. XXXVIIII.
CHEZ BERNARD PAPERINI.

AU LECTEUR.

E Jeu le plus en usage à Florence est Le Trente-et-quarante ; les Florentins ne le joüent pas seulement comme les François, en pariant que le Nombre de celui qui coupe sera plus proche de 31 , que le Nombre de celui qui tient les cartes ; mais ils gagent aussi que les Nombres, que l'on comptera, seront 31 , 32 , & 40 , contre 33 , 34 , & 35 ; & ils parient encore pour 31 , 32 , & 33 , contre 34 , 35 , 37 , 38 , 39 , & 40 ; le 36 restant nul, ou étant quelquefois donné en avantage, pour $\frac{1}{4}$ de la gageure, pour $\frac{1}{3}$, pour $\frac{1}{2}$, ou pour plus, à celui qui prend ces derniers Nombres, qu'ils nomment le Reste ; ces differentes gageures rendent le jeu fort divertißant.

Mais ces paris se font simplement par usage ; sans être fondez, comme ils le devroient être,

✱ 2

sur "

ſur une égalité reconnue des premiers Nombres, avec les derniers. C'eſt ce qui m'a fait entreprendre ce Calcul, qui établit la proportion des gageures que l'on peut faire, non-ſeulement pour, ou contre le Reſte, *& pour* 3 1, 3 2, & 40, *con-*tre 33, 34, & 3 5 ; *mais encore* pour chacun des 1 0 Nombres *de ce jeu, qui par là pourra ſe joüer avec bien-plus de varieté, qu' auparavant.*

J'aurois fort ſouhaité être en état de faire cet ouvrage en Italien ; mais je paſſe aiſément ſur cela, par-ce-qu' il me ſemble qu' il y a icy bien-peu de perſonnes de qui le François ne ſoit pas entendu ; outre qu' en cette langue mon travail ſera lû de beaucoup-plus de monde. Je n' appréhende point les inconvéniens que l' on rencontre ſouvent à emploïer un Imprimeur dans une Langue vivante qui n' eſt pas la ſienne ; car j' ai déja eu occaſion de reconnoître l' éxactitude du Sieur Paperini pour ce qui appartient à la langue, & ſon bon goût dans la diſtribution qui eſt ſi eſſentielle à ces ſortes d' ouvrages.

P R E-

PRÉFACE.

E Calcul du Jeu du Trente-&-Quarante ſe réduit, *à la Dé-monſtration des Maniéres dont peuvent être formez les Nombres* 3 1 , 3 2 , 33 , 34 , 35 , 3 6 , 37 , 3 8 , 39 , *&* 40 , *& à celle des différens dégrez de poſſibilité des ces Manieres ; d' où l' on concluë la proportion qui eſt entre chacun de ces* 10 *Nombres.*

Mais comme ç' auroit une route trop longue que de décrire toutes les Manieres, j' ai cherché un moïen de l' éviter ; & celui qui m' a parû le plus propre, a été de conſidé-rer par quelles eſpéces de Cartes chaque Nom-bre pouvoit être formé, ſans prendre garde à leur couleur. Pour retenir plus facilement & fixer cette nouvelle idée, je la nomme *Mo-de* ; enſorte que *cette expreſſion déſigne la Ma-niere dont un Nombre peut être produit, quand la couleur des Cartes n' eſt pas conſidéreé.* Et *lorſque je conſidére la couleur*, je l' exprime par

Ma-

Maniere, & souvent auſſi je me ſers du mot de *Chance*, ſurtout quand je veux parler *du change-ment occaſioné dans les Combinaiſons par les diffé-rentes couleurs*. Ainſi, examinant un des Mo-des pour le Nombre XXXI, par-exemple *trois Rois*, *& un As*, je trouve qu'il a 16 Chances, qui ſont :

Les Rois {
de cœur, de carreau, & de tréfle·
de cœur, de carreau, & de picque·
de cœur, de tréfle, & de picque.
de carreau, de tréfle, & de picque.
} *avec l'As de cœur.*

Et de même qu'il y a 4 *chances par l'As de cœur, il y en a auſſi* 4 *par l'As de carreau,* 4 *par celui de tréfle, &* 4 *par celui de picque.* C'eſt la même choſe que ſi j'avois dit, qu'il y a 16 Manieres, dont *trois Rois*, *& un As* peuvent produire le Nombre XXXI. L'on ne peut donc pas refuſer de m'acorder que j'aurai démontré toutes les Manieres dont peuvent être formez les 10 Nombres de ce Jeu, quand j'aurai décrit tous les Modes de chacun de ces Nombres, & que j'aurai prouvé les Chances qui conviennent à chaque Mode.

C'eſt pour prouver la quantité de Chan-ces qui appartiennent à chaque Mode, que j'emploïe la Premiere Partie de ce Calcul à examiner les différentes propriétez des Cartes,

& à

& à en confidérer toutes *les Rencontres d' où peuvent être produits les* 10 *Nombres de ce Jeu* (que j'appelle *Combinaifons*). Par exemple, je trouve qu' une Carte quadruple & une fimple peuvent produire un des Nombres; j' ai fçû, par l' éxamen des propriétez des Cartes, qu' une Quadruple n'a que 1 Chance, & qu' une Simple en a 4; je puis donc conclurre que cette Combinaifon a 4 Chances, quifque 4 fois 1 font 4; & demême des autres. A memefure que je découvre quelque Combinaifon, je m' applique à trouver à quels Nombres elle peut convenir par chaque quantité de Cartes. Ainfi, pour continuer à me fervir de l' exemple cy-deffus *une Carte Quadruple & une Simple*, je trouve que cette Combinaifon par 5 Cartes ne peut pas convenir aux Nombres XL, XXXIX, XXXVII, XXXVI, XXXV, mais bien aux cinq autres Nombres; je cherche de même pour les autres quantités de Cartes. Et aprez avoir découvert toutes les Combinaifons, & donné un exemple de ce qui convient à chacun des Nombres par chaque quantité de Cartes; pour plus grande commodité, je réduis dans une Table tout ce que j' ai démontré.

C' eft

C'eft par le fecours de cette Table que dans la Seconde Partie, décrivant les Modes qui appartiennent à chacun des 10 Nombres, je les range comme dans des Claffes felon la quantité de leurs Chances; ce qui me conduit à connoître la quantité de Manieres dont chaque Nombre peut être formé.

Il ne me refte donc plus, qu'à prouver les differens degrez de poffibilité de chacune des Manieres que j'ai demontré. C'eft pour quoi dans la troifieme Partie, je travaille à faire voir que les Manieres par une plus grande quantité de Cartes ont plus de Cas contraires, que celles par une moindre quantité de Cartes. Aïant donc appris, par-exemple qu'une Maniere par 4 Cartes n'a d'eloignement de poffibilité que 91390 Cas, aulieu qu'il y a 658008 Cas contraires à une Maniere par 5 Cartes; & aïant examiné la proportion de ces quantités de Cas, qui eft $7\frac{1}{5}$ à 1; je concluë que 7 Manieres & $\frac{1}{5}$ par 5 Cartes font égales à 1 Maniere par 4 Cartes; & faifant de même pour les autres quantités de cartes, je parviens à connoître la proportion, qui eft entre chancun des 10 Nombres de ce Jeu.

CAL-

CALCUL
DU JEU APPELLÉ PAR LES FRANÇOIS
LE TRENTE-ET-QUARANTE,
ET QUE L' ON NOMME A FLORENCE
LE TRENTE-ET-UN.

PREMIERE PARTIE.

Démonſtrations qui ſervent à prouver les differentes Combinaiſons, ou rencontres des quarante cartes du Jeu d'Hombre, d'où peuvent être produits les nombres 31, 32, 33, 34, 35, 36, 37, 38, 39, & 40.

Premier Avertiſſement.

ANS cette Premiere Partie les cartes ſeront déſignées de deux manieres; dans les exemples, où l'on ne conſidere que l'eſpéce des cartes, l'on déſignera *le Roi* par R, *la Dame* par D, *le Valet* par V, *le ſept* par 7, *le ſix* par 6, *le cinq* par 5, *le quatre* par 4, *le trois* par 3, *le deux* par 2, l'*as* par 1.
Mais dans les démonſtrations, où l'on conſidere tout-à-la-fois & l'eſpéce des cartes & leur couleur, voicy comme on les deſignera:

A

Eſpé-

Espéces des Cartes.	Cœur.	Carreau.	Tréfle.	Picque.
Rois	A	a	*a*	α
Dames	B	b	*b*	β
Valets	D	d	*d*	δ
Sept	E	e	*e*	ε
Six	F	f	*f*	φ
Cinq	G	g	*g*	γ
Quatre	I	i	*i*	ι
Trois	L	l	*l*	λ
Deux	M	m	*m*	μ
As	N	n	*n*	ν

Enforte que le caractere Majuscule sert pour Cœur, le Rond pour Carreau, l'Italique pour Tréfle, & le Grec pour Picque. Ie ne me suis servi ni du *C*, ni de l'*H*, par ce que ces deux lettres ne sont pas assez distinctes dans les differens caracteres.

Une ligne - tient lieu de la carte audessous de la quelle elle est placeé, car je n'exprime que les cartes qui forment quelque changement; ce que je fais pour que l'œil soit moins fatigué, & encore pour donner plus de facilité à ceux qui voudront éxaminer mon ouvrage. Deux lignes = servent à séparer les chances, & °°° servent à séparer les modes. § signiffie dégré d'une progression.

Examen des propriétez des cartes.

LES cartes doivent être considereés comme *quadruples*, *triples*, *doubles*, ou *simples*.

Les cartes sont *quadruples*, lors qu'elles sortent 4 de la même espéce, comme 4 Rois, 4 sept, &c., & alors elles ne produisent qu'une chance seulement, comme l'on voit: A a *a* α.

Les cartes sont *triples*, lors qu'elles sortent 3 de la même espéce; & alors elles produisent 4 chances, comme l'on voit: B b *b* = B b β = B *b* β = b *b* β =.

Les cartes sont *doubles*, lors qu'elles sortent deux de la même espéce; & alors elles produisent 6 chances, comme l'on voit: D d = D *d* = D δ = d *d* = d δ = *d* δ =.

Et enfin elles sont *simples*, lors qu'il n'en sort qu'une de leur espéce; & alors elles produisent 4 chances, comme l'on voit: E = e = *e* = ε =.

Second Avertißement.

IE distribuë cette Premiere Partie en 3 Articles.

Le *Premier* renferme toutes les Combinaisons, par cartes quadruples, triples, & simples, d'où peuvent être produits les 10 nombres de ce jeu; car

car selon ce qui vient d'être établi, les quadruples ne sont susceptibles d'aucun changement, & les triples rendent 4 chances de même que les simples; ainsi ce premier article, commençant par les combinaisons d'une chance seulement, fait une progression qui, à chaque dégré, se multiplie par 4.

Le *Second* Article contient toutes les combinaisons par cartes quadruples & doubles, & commençant par les combinaisons d'une chance forme une progression qui, à chaque degré, se multiplie par 6 conformément à la propriété des cartes doubles.

Et le *Troisiéme* Article est composé des Combinaisons mixtes, c'est-à-dire, de celles produites par cartes quadruples, triples, doubles, & simples; ensorte que la progression se multiplie, dans ses differens dégrez, quelquefois par 4, & quelquefois par 6.

Pour plus de facilité à ceux qui voudront éxaminer & comparer les differentes parties de cet ouvrage, je donne un éxemple de chaque sorte de Combinaisons possibles, par les diverses quantités des cartes, & pour chacun des 10 nombres qui sont exprimez à côté.

Les Figures, c'est-à-dire, les Rois, Dames, & Valets comptent chacun pour 10; & les autres cartes pour 7, 6, 5, 4, 3, 2, & 1, comme elles sont marqueés.

ARTICLE PREMIER.

Progression des Combinaisons par cartes quadruples, triples, & simples.

§ I. COMBINAISONS PAR 1 SEULE CHANCE.

B b *b β* ⠒

IL a été prouvé cydessus que 4 cartes semblables ne produisent qu'une chance; il en est de même de 8 cartes, & de 12, lorsqu'elles sont quadruples.

EXEMPLES.

Par 4 Cartes.	Par 8 Cartes.	Par 12 Cartes.
40. R R R R	36. 7 7 7 7 2 2 2 2	36. 6 6 6 6 2 2 2 2 1 1 1 1
	32. — — — — 1 1 1 1	32. 5 5 5 5 — — — — — — — —

§ II. COMBINAISONS PAR 4 CHANCES.

E e e ε N n n ::   E e e ε N n ν ::   E e e ε N n ν ::   E e e ε n n ν ::
- - - - L   ::   - - - - I   ::   - - - - l   ::   - - - - λ   ::

L'on voit que les E ou *sept* étant *quadruples* ne varient pas, & que les 4 chances cydeſſus ſont également formeés par les N ou *as triples*, & par les L où *trois ſimples*.

$$\left.\begin{matrix} 1 \\ 4 \end{matrix}\right\} 4.$$

EXEMPLES:

Par 5 Cartes.

```
38.   7 7 7 7 R
34.   - - - - 6
33.   - - - - 5
32.   - - - - 4
31.   - - - - 3
```

Par 7 Cartes.

```
38.   2 2 2 2 R R R
37.   4 4 4 4 7 7 7
36.   6 6 6 6 4 4 4
34.   1 1 1 1 R R R
33.   6 6 6 6 3 3 3
```

Suite par 7 Cartes.

```
32.   5 5 5 5 4 4 4
31.   4 4 4 4 5 5 5
```

Par 9 Cartes.

```
38.   6 6 6 6 1 1 1 1 R
37.   7 7 7 7 - - - - 5
36.   - - - - - - - - 4
35.   - - - - - - - - 3
34.   - - - - - - - - 2
33.   6 6 6 6 - - - - 5
32.   - - - - - - - - 4
31.   - - - - - - - - 3
```

Par 11 Cartes.

```
37.   3 3 3 3 1 1 1 1 7 7 7
35.   6 6 6 6 2 2 2 2 1 1 1
34.   - - - - 1 1 1 1 2 2 2
33.   5 5 5 5 - - - - 3 3 3
32.   3 3 3 3 2 2 2 2 4 4 4
31.   5 5 5 5 - - - - 1 1 1
```

Par 13 Cartes.

```
38.   4 4 4 4 2 2 2 2 1 1 1 1 R
35.   - - - - - - - - - - - - 7
34.   - - - - - - - - - - - - 6
33.   - - - - - - - - - - - - 5
31.   - - - - - - - - - - - - 3
```

§ III. COMBINAISONS PAR 16 CHANCES.

B b b N ::   B b β N ::   B b β N ::   b b β N ::
- - - n ::   - - - n ::   - - - n ::   - - - ν ::
- - - n ::   - - - n ::   - - - n ::   - - - n ::
- - - ν ::   - - - ν ::   - - - ν ::   - - - ν ::

Ce que l'on démontre icy convient également à tous les modes formez par une carte triple & une ſimple, par 2. cartes ſimples, ou par 2 cartes triples; & la rencontre des quadruples ne change rien, comme on l'a fait voir § I, & II.

$$\left.\begin{matrix} 4 \\ 4 \end{matrix}\right\} 16.$$

EXEM-

EXEMPLES:

Par 4 Cartes.

```
40.  R  R  R  D
37.  -  -  -  7
36.  -  -  -  6
35.  -  -  -  5
34.  -  -  -  4
33.  -  -  -  3
32.  -  -  -  2
31.  -  -  -  1
```

Par 6 Cartes.

```
39.  R R R 3 3 3
36.  - - - 2 2 2
33.  - - - 1 1 1
```

Autre maniere par 6 Cartes.

```
40.  7 7 7 7 R 2
39.  - - - - - 1
38.  6 6 6 6 R 4
37.  - - - - - 3
36.  - - - - - 2
35.  - - - - - 1
34.  7 7 7 7 5 -
33.  - - - - 4 -
32.  - - - - 3 -
31.  - - - - 2 -
```

Par 8 Cartes.

```
40.  3 3 3 3 6 6 6 R
```

Suite par 8 Cartes.

```
39.  1 1 1 1 R R R 5
38.  - - - - - - - 4
37.  - - - - - - - 3
36.  - - - - - - - 2
35.  3 3 3 3 6 6 6 5
34.  - - - - - - - 4
33.  - - - - 5 5 5 6
32.  2 2 2 2 7 7 7 3
31.  1 1 1 1 - - - 6
```

Par 10 Cartes.

```
40.  4 4 4 4 1 1 1 1 R V
39.  5 5 5 5 2 2 2 2 R 1
38.  - - - - 1 1 1 1 - 4
37.  - - - - - - - - - 3
36.  - - - - - - - - - 2
35.  - - - - 2 2 2 2 4 3
34.  - - - - 1 1 1 1 7 3
33.  - - - - - - - - - 2
32.  - - - - - - - - 6 -
31.  - - - - - - - - 4 3
```

Autre maniere Par 10 Cartes.

```
40.  1 1 1 1 2 2 2 R R R
37.  1 1 1 1 7 7 7 4 4 4
36.  3 3 3 3 6 6 6 2 2 2
35.  2 2 2 2 - - - 3 3 3
34.  4 4 4 4 5 5 5 1 1 1
```

Suite par 10 Cartes.

```
33.  3 3 3 3 6 6 6 1 1 1
32.  5 5 5 5 3 3 3 - - -
31.  4 4 4 4 - - - 2 2 2
```

Par 12 Cartes.

```
40.  2 2 2 2 1 1 1 1 6 6 6 R
37.  - - - - - - - - - - - 7
36.  - - - - - - - - 7 7 7 3
35.  - - - - - - - - 6 6 6 5
34.  - - - - - - - - - - - 4
33.  - - - - - - - - - - - 3
32.  4 4 4 4 1 1 1 1 2 2 2 6
31.  - - - - - - - - - - - 5
```

Par 14 Cartes.

```
40.  3 3 3 3 2 2 2 2 1 1 1 1 R 6
39.  - - - - - - - - - - - - - 5
38.  - - - - - - - - - - - - - 4
37.  - - - - - - - - - - - - 7 6
36.  - - - - - - - - - - - - - 5
35.  - - - - - - - - - - - - - 4
34.  - - - - - - - - - - - - 6 -
33.  - - - - - - - - - - - - 5 -
```

Autre maniere par 14 Cartes.

```
34.  3 3 3 3 1 1 1 1 4 4 4 2 2 2
33.  2 2 2 2 - - - - - - 3 3 3
```

§ IV. COMBINAISONS PAR 64 CHANCES.

R R R 3 1 ::

Ce qui a été démontré § II, & III, qu'une carte simple ou triple produit 4 chances, & que 2 simples ou triples en produisent 16, prouve qu'il y a icy 64 chances; c'est-a-dire, que la carte simple ou triple, qui est icy de plus qu'au § III, en quadruple le montant.

$$16 \atop 4 \Big\} 64.$$

EXEM-

EXEMPLES:

Par 5 Cartes.

```
40.  R R R 7 3
39.  - - - - 2
38.  - - - - 1
37.  - - - 6 -
36.  - - - 5 -
35.  - - - 4 -
34.  - - - 3 -
33.  - - - 2 -
32.  7 7 7 6 5
31.  - - - - 4
```

Par 7 Cartes.

```
40.  R R R 3 3 3 1
39.  - - - 2 2 2 3
38.  - - - 1 1 1 5
37.  - - - - - - 4
36.  - - - - - - 3
35.  - - - - - - 2
34.  7 7 7 4 4 4 1
33.  - - - 2 2 2 6
32.  - - - - - - 5
31.  - - - - - - 4
```

Autre maniere par 7 Cartes.

```
40.  6 6 6 6 R 5 1
39.  - - - - - 4 -
38.  - - - - - 3 -
37.  - - - - - 2 -
36.  - - - - 7 4 -
35.  - - - - - 3 -
34.  - - - - - 2 -
33.  5 5 5 5 7 4 2
```

Suite par 7 Cartes.

```
32.  6 6 6 6 5 2 1
31.  - - - - 4 - -
```

Par 9 Cartes.

```
40.  4 4 4 4 3 3 3 R 5
39.  - - - - 2 2 2 - 7
38.  - - - - - - - - 6
37.  - - - - - - - - 5
36.  - - - - 1 1 1 - 7
35.  - - - - - - - - 6
34.  - - - - - - - - 5
33.  - - - - 2 2 2 - 1
32.  - - - - 1 1 1 7 6
31.  - - - - - - - - 5
```

Autre maniere par 9 Cartes.

```
39.  R R R 2 2 2 1 1 1
36.  7 7 7 3 3 3 2 2 2
33.  - - - - - - 1 1 1
```

Par 11 Cartes.

```
40.  5 5 5 5 1 1 1 1 R 4 2
39.  - - - - - - - - - 3 -
38.  4 4 4 4 - - - - - 5 3
37.  - - - - - - - - - - 2
36.  - - - - - - - 7 6 3
35.  - - - - - - - - - - 2
34.  - - - - - - - - - 5 -
33.  - - - - - - - - 6 - -
32.  3 3 3 3 - - - - R 4 -
31.  - - - - - - - - 7 6 -
```

Autre maniere par 11 Cartes.

```
40.  3 3 3 3 5 5 5 1 1 1 R
39.  2 2 2 2 6 6 6 - - - -
38.  1 1 1 1 - - - 2 2 2 -
37.  3 3 3 3 5 5 5 1 1 1 7
36.  - - - - - - - - - - 6
35.  - - - - 4 4 4 2 2 2 5
34.  - - - - - - - 1 1 1 7
33.  - - - - - - - - - - 6
32.  - - - - - - - - - - 5
31.  - - - - 2 2 2 1 1 1 R
```

Par 13 Cartes.

```
40.  2 2 2 2 1 1 1 1 4 4 4 R 6
39.  - - - - - - - - - - - - 5
38.  - - - - - - - - - 3 3 3 - 7
37.  - - - - - - - - - - - - 6
36.  - - - - - - - - - - - - 5
35.  - - - - - - - - - - - - 4
34.  - - - - - - - - - - - 7 6
33.  - - - - - - - - - - - - 5
32.  - - - - - - - - - - - - 4
31.  - - - - - - - - - - - 6 -
```

Autre maniere par 13 Cartes.

```
35.  2 2 2 2 5 5 5 3 3 3 1 1 1
34.  1 1 1 1 - - - - - 2 2 2
32.  2 2 2 2 4 4 4 - - - 1 1 1
31.  1 1 1 1 - - - - - - 2 2 2
```

§ V. COMBINAISONS PAR 256 CHANCES.

R D V 7 ::

La Carte simple ou triple, qui est icy de plus qu'au § IV, en quadruple le montant.

$$\left.\begin{array}{c}64\\4\end{array}\right\}256.$$

EXEM-

EXEMPLES:

Par 4 Cartes.

```
37.  R D V 7
36.  - - - 6
35.  - - - 5
34.  - - - 4
33.  - - - 3
32.  - - - 2
31.  - - - 1
```

Par 6 Cartes.

```
40.  R R R 6 3 1
39.  - - - - 2 -
38.  - - - 5 - -
37.  - - - 4 - -
36.  - - - 3 - -
35.  6 6 6 R 4 3
34.  - - - - - 2
33.  - - - - - 1
32.  - - - 7 5 2
31.  - - - - - 1
```

Par 8 Cartes.

```
40.  1 1 1 1 R D V 6
39.  - - - - - - - 5
38.  - - - - - - - 4
37.  - - - - - - - 3
36.  - - - - - - - 2
35.  - - - - - - 7 4
34.  - - - - - - - 3
33.  - - - - - - - 2
32.  - - - - - - 6 -
31.  - - - - - - 5 -
```

Autre maniere par 8 Cartes.

```
40.  7 7 7 2 2 2 R 3
39.  - - - 1 1 1 - 5
38.  - - - - - - - 4
37.  - - - - - - - 3
36.  - - - - - - - 2
35.  - - - 2 2 2 5 3
34.  - - - - - - 4 -
33.  - - - 1 1 1 6 -
32.  - - - - - - - 2
31.  - - - - - - 5 -
```

Par 10 Cartes.

```
40.  1 1 1 1 7 7 7 R 3 2
39.  - - - - 6 6 6 R 5 2
38.  - - - - - - - - 4 -
37.  - - - - - - - 7 5 3
36.  - - - - - - - - - 2
35.  - - - - - - - - 4 -
34.  - - - - 5 5 5 R 3 2
33.  - - - - - - - 7 4 3
32.  - - - - - - - 6 - -
31.  - - - - - - - - - 2
```

Autre maniere par 10 Cartes.

```
40.  7 7 7 2 2 2 1 1 1 R
37.  6 6 6 3 3 3 - - - 7
36.  7 7 7 2 2 2 - - - 6
35.  - - - - - - - - - 5
34.  - - - - - - - - - 4
```

Suite par 10 Cartes.

```
33.  7 7 7 2 2 2 1 1 1 3
32.  6 6 6 3 3 3 - - - 2
31.  5 5 5 - - - 2 2 2 1
```

Par 12 Cartes.

```
36.  6 6 6 3 3 3 2 2 2 1 1 1
33.  5 5 5 - - - - - - - - -
```

2.ᵉ maniere par 12 Cartes.

```
40.  2 2 2 2 1 1 1 1 R 7 6 5
39.  - - - - - - - - - - - 4
38.  - - - - - - - - - - - 3
37.  - - - - - - - - - - 5 -
36.  - - - - - - - - - - 4 -
35.  - - - - - - - - - 6 - -
34.  - - - - - - - - - 5 - -
33.  - - - - - - - - 7 6 5 3
32.  - - - - - - - - - - 4 -
31.  - - - - - - - - - 5 - -
```

3.ᵉ maniere par 12 Cartes.

```
40.  1 1 1 1 5 5 5 3 3 3 R 2
39.  - - - - - - - 2 2 2 - 4
38.  - - - - - - - - - - - 3
37.  - - - - 4 4 4 - - - - 5
36.  - - - - - - - 3 3 3 6 -
35.  - - - - - - - 2 2 2 7 6
34.  - - - - 3 3 3 2 2 2 R 5
33.  - - - - - - - - - - - 4
32.  - - - - - - - - - - 7 6
31.  - - - - - - - - - - - 5
```

§ VI. COMBINAISONS PAR 1024 CHANCES.

$$R\,D\,V\,7\,3\ \vdots\vdots$$

La Carte simple ou triple, qui est icy de plus qu'au § V, en quadruple le montant.

$$\left.\begin{array}{l}256\\4\end{array}\right\}\ 1024.$$

EXEM-

EXEMPLES:

Par 5 Cartes.

```
40.  R D V 7 3
39.  - - - - 2
38.  - - - - 1
37.  - - - 6 -
36.  - - - 5 -
35.  - - - 4 -
34.  - - - 3 -
33.  - - - 2 -
32.  - - 7 3 2
31.  - - - - 1
```

Par 7 Cartes.

```
40.  3 3 3 R D 7 4
39.  - - - - - 6 -
38.  - - - - - 5 -
37.  - - - - - 7 1
36.  - - - - - 6 -
35.  - - - - - 5 -
34.  - - - - - 4 -
33.  2 2 2 R D 6 1
32.  - - - - - 5 -
31.  - - - - - 4 -
```

Par 9 Cartes.

```
40.  4 4 4 3 3 3 R 7 2
39.  - - - - - - - - 1
38.  - - - - - - 6 -
37.  - - - - - - 5 -
36.  - - - - - 7 6 2
35.  - - - - - - - 1
34.  - - - - - - 5 -
33.  - - - - - 6 - -
```

Suite par 9 Cartes.

```
32.  4 4 4 2 2 2 7 6 1
31.  - - - - - - - 5 -
```

Autre maniere par 9 Cartes.

```
40.  1 1 1 1 R D V 4 2
39.  - - - - - - - 3 -
38.  - - - - - - 7 5 -
37.  - - - - - - - 4 -
36.  - - - - - - - 3 -
35.  - - - - - - 6 - -
34.  - - - - - - 5 - -
33.  - - - - - 7 6 4 2
32.  - - - - - - - 3 -
31.  - - - - - - 5 - -
```

Par 11 Cartes.

```
40.  1 1 1 1 2 2 2 R D 6 4
39.  - - - - - - - - - - 3
38.  - - - - - - - - - 5 -
37.  - - - - - - - - - 4 -
36.  - - - - - - - - - 7 6 -
35.  - - - - - - - - - 5 -
34.  - - - - - - - - - 4 -
33.  - - - - - - - - 6 - -
32.  - - - - - - - - 5 - -
31.  - - - - - - - - 7 6 5 -
```

Autre maniere par 11 Cartes.

```
40.  5 5 5 2 2 2 1 1 1 R 6
39.  4 4 4 3 3 3 - - - - 5
```

Suite par 11 Cartes.

```
38.  5 5 5 2 2 2 1 1 1 R 4
37.  4 4 4 - - - - - - - 6
36.  - - - - - - - - - - 5
35.  3 3 3 2 2 2 1 1 1 R 7
34.  - - - - - - - - - - 6
33.  - - - - - - - - - - 5
32.  - - - - - - - - - - 4
31.  - - - - - - - - - 7 6
```

Par 13 Cartes.

```
40.  4 4 4 3 3 3 2 2 2 1 1 1 R
37.  - - - - - - - - - - - - 7
36.  - - - - - - - - - - - - 6
35.  - - - - - - - - - - - - 5
```

2.ᵉ maniere par 13 Cartes.

```
40.  2 2 2 2 1 1 1 1 R 6 5 4 3
37.  - - - - - - - - - 7 - - -
```

3.ᵉ maniere par 13 Cartes.

```
40.  1 1 1 1 3 3 3 2 2 2 R 6 5
39.  - - - - - - - - - - - - 4
38.  - - - - - - - - - - - 5 -
37.  - - - - 4 4 4 - - - 7 5 3
36.  - - - - - - - - - - 6 - -
35.  - - - - 3 3 3 - - - 7 5 4
34.  - - - - - - - - - - 6 - -
```

§ VII. COMBINAISONS PAR 4096 CHANCES.

R 7 6 5 2 1 ∷

La Carte simple ou triple, qui est icy de plus qu'au § VI, en quadruple le montant.

$$\left.\begin{matrix}1024\\4\end{matrix}\right\}4096.$$

EXEM-

EXEMPLES:

Par 6 Cartes.

```
40.  R D V 7 2 1
39.  - - 7 6 5 -
38.  - - - - 4 -
37.  - - - - 3 -
36.  - - 6 5 4 -
35.  - - - - 3 -
34.  - - - - 2 -
33.  - 7 6 5 4 -
32.  - - - - 3 -
31.  - - - - 2 -
```

Par 8 Cartes.

```
40.  1 1 1 R D 7 6 4
39.  - - - - - - - 3
38.  - - - - - - - 2
37.  - - - - - - 5 -
36.  - - - - - - 4 -
35.  - - - - - - 3 -
34.  - - - - - 6 - -
33.  - - - - - 5 - -
32.  - - - - - 4 - -
31.  - - - - 7 6 - -
```

Par 10 Cartes.

```
40.  1 1 1 1 R D 7 4 3 2
39.  - - - - - - 6 - - -
38.  - - - - - - 5 - - -
37.  3 3 3 3 7 6 5 4 2 1
36.  1 1 1 1 R 7 6 4 3 2
35.  - - - - - - 5 - - -
34.  - - - - - 6 - - - -
31.  - - - - 7 - - - - -
```

Autre maniere par 10 Cartes.

```
40.  2 2 2 1 1 1 R D 7 4
39.  - - - - - - - - - 3
38.  - - - - - - - - 6 -
37.  - - - - - - - - 5 -
36.  - - - - - - - - 4 -
35.  - - - - - - - 7 6 3
34.  - - - - - - - - 5 -
33.  - - - - - - - - 4 -
32.  - - - - - - - - 6 - -
31.  - - - - - - - - 5 - -
```

Par 12 Cartes.

```
40.  3 3 3 2 2 2 1 1 1 R 7 5
39.  - - - - - - - - - - - 4
38.  - - - - - - - - - - 6 -
37.  - - - - - - - - - - 5 -
36.  - - - - - - - - - 7 6 5
35.  - - - - - - - - - - - 4
34.  - - - - - - - - - - 5 -
33.  - - - - - - - - - - 6 - -
```

Autre maniere par 12 Cartes.

```
40.  1 1 1 1 2 2 2 R 7 6 4 3
39.  - - - - - - - - - 5 - -
38.  - - - - - - - - 6 - - -
36.  2 2 2 2 1 1 1 7 - - - -
35.  1 1 1 1 2 2 2 - - - - -
```

***

§ VIII. COMBINAISONS PAR 16384 CHANCES.

R 6 5 4 3 2 1 ⁚⁚

La Carte simple ou triple, qui est icy de plus qu'au § VII, en quadruple le montant.

$$\left.\begin{array}{l} 4096 \\ 4 \end{array}\right\} 16384.$$

EXEMPLES:

Par 7 Cartes.

```
40.  R D 7 6 4 2 1
39.  - - - - 3 - -
38.  - - - 5 - - -
37.  - - - 4 - - -
36.  - - 6 - - - -
```

Suite par 7 Cartes.

```
35.  R D 5 4 3 2 1
34.  - 7 6 5 - - -
33.  - - - 4 - - -
32.  - - 5 - - - -
31.  - 6 - - - - -
```

Par 9 Cartes.

```
40.  1 1 1 R D 7 5 3 2
39.  - - - - - - 4 - -
38.  - - - - - 6 - - -
37.  - - - - - 5 - - -
36.  - - - - 7 6 5 3 2
```

B   Suite

Suite par 9 Cartes.	Par 11 Cartes.	Suite par 11 Cartes.
35. 1 1 1 R 7 6 4 3 2	40. 2 2 2 1 1 1 R 7 6 5 3	37. 2 2 2 1 1 1 R 6 5 4 3
34. · · · · · 5 · · ·	39. · · · · · · · · · 4 ·	36. 3 3 3 · · · 7 · · · 2
33. · · · · 6 · · · ·	38. · · · · · · · · · 5 · ·	34. 2 2 2 · · · · · · · 3
32. 2 2 2 7 6 5 4 3 1		

§ IX. COMBINAISONS PAR 65536 CHANCES.

R 7 6 5 4 3 2 1 ⁚⁚

La Carte simple ou triple, qui est icy de plus qu'au § VIII, en quadruple le montant.

$$16384 \atop 4 \Big\} 65536.$$

EXEMPLES:

Par 8 Cartes.	Par 10 Cartes.
38. R 7 6 5 4 3 2 1	40. 1 1 1 R 7 6 5 4 3 2

ARTICLE SECOND.

Progression des Combinaisons par cartes doubles, & quadruples.

§ I. COMBINAISONS PAR 1 SEULE CHANCE.

Voïez § I. ART. I.

§ II. COMBINAISONS PAR 6 CHANCES.

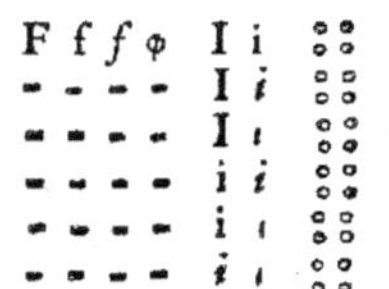

L'on voit que les F ou *six* étant *quadruples* ne varient pas, & que ce sont les I ou *quatre doubles* qui produisent les 6 changemens.

EXEM-

E X E M P L E S :

Par 6 Cartes.						Par 10 Cartes.										Par 14 Cartes.													
40.	5	5	5	5	R R	40.	4	4	4	4	1 1 1 1	R R																	
36.	7	7	7	7	4 4	36.	6	6	6	6	- - - -	4 4	36.	3 3 3 3	2 2 2 2	1 1 1 1	6 6												
34.	-	-	-	-	3 3	34.	-	-	-	-	- - - -	3 3	34.	- - - - - - - - - - - -	5 5														
32.	-	-	-	-	2 2	32.	-	-	-	-	- - - -	2 2	32.	- - - - - - - - - - - -	4 4														

§ III. COMBINAISONS PAR 36 CHANCES.

```
A a B b   A α B b   A α B b   a a B b   a α B b   a α B b
- - B b   - - B b   - - B b   - - B b   - - B b   - - B b
- - B ß   - - B ß   - - B ß   - - B ß   - - B ß   - - B ß
- - b b   - - b b   - - b b   - - b b   - - b b   - - b b
- - b ß   - - b ß   - - b ß   - - b ß   - - b ß   - - b ß
- - b ß   - - b ß   - - b ß   - - b ß   - - b ß   - - b ß
```

Ce que l'on demontre icy convient à tous les modes formez par 2 cartes doubles; & la rencontre des quadruples ne change rien, comme on l'a fait voir § II.

$$\left.\begin{array}{c}6\\6\end{array}\right\} 36.$$

E X E M P L E S :

Par 4 Cartes.				Par 8 Cartes.						Par 12 Cartes.							
40.	R R	D D		40.	2 2 2 2	R R	6 6			40.	2 2 2 2	1 1 1 1	R R	4 4			
34.	- -	7 7		38.	- - - - - -	5 5				38.	- - - - - - - - - -	3 3					
32.	- -	6 6		36.	- - - - - -	4 4				36.	- - - - - - - -	7 7 5 5					
				34.	- - - - - -	3 3				34.	- - - - - - - - - -	4 4					
				32.	- - - -	7 7 5 5				32.	- - - - - - - - - -	3 3					

§ IV. COMBINAISONS PAR 216 CHANCES.

R R 6 6 4 4

Ce qui a été demontré dans les § II & III, qu'une carte double produit 6 chances, & que 2 doubles en produifent 36, prouve icy 216 chances; c'eſt-à-dire, que la carte double, qui eſt icy de plus qu'au § III, en fextuple le montant.

$$\left.\begin{array}{c}36\\6\end{array}\right\} 216.$$

B 2

Exem-

EXEMPLES:

```
        Par 6 Cartes.                     Par 10 Cartes.
40.   R R 6 6 4 4              40.   1 1 1 1 R R 6 6 2 2
38.   - - - - 3 3              38.   - - - - - - 5 5 - -
36.   - - - - 2 2              36.   - - - - - - 4 4 - -
34.   - - - - 1 1              34.   - - - - - - 3 3 - -
32.   - - 5 5 - -              32.   - - - - 7 7 5 5 - -
```

§ V. COMBINAISONS PAR 1296 CHANCES.

$$R R 3 3 2 2 1 1 \; {}^{\circ}_{\circ}{}^{\circ}_{\circ}$$

La carte double, qui est icy de plus qu'au § IV, en sextuple le montant.

$$\left.\begin{array}{r}216\\6\end{array}\right\} 1296.$$

EXEMPLES:

```
    Par 8 Cartes.     |   Suite par 8 Cartes.  |      Par 12 Cartes.
40.  R R 7 7 2 2 1 1  | 34.  R R 4 4 2 2 1 1    | 36.  1 1 1 1 7 7 4 4 3 3 2 2
38.  - - 6 6 - - - -  | 32.  - - 3 3 - - - -    | 34.  - - - - 6 6 - - - - - -
36.  - - 5 5 - - - -  |                         | 32.  - - - - 5 5 - - - - - -
```

§ VI. COMBINAISONS PAR 7776 CHANCES.

$$6 6 4 4 3 3 2 2 1 1 \; {}^{\circ}_{\circ}{}^{\circ}_{\circ}$$

La Carte double, qui est icy de plus qu'au § V, en sextuple le montant.

$$\left.\begin{array}{r}1296\\6\end{array}\right\} 7776.$$

EXEMPLES:

```
                      Par 10 Cartes.
40.  R R 4 4 3 3 2 2 1 1   |  34.  7 7 4 4 3 3 2 2 1 1
36.  7 7 5 5 - - - - - -   |  32.  6 6 - - - - - - - -
```


AR-

ARTICLE TROISIEME.

Progreßion des Combinaisons par cartes quadruples, triples, doubles, & simples.

§ I. COMBINAISONS PAR 1 SEULE CHANCE.

Voïez § 1, ART. I.

§ II. COMBINAISONS PAR 4 CHANCES.

Voïez § II, ART. I. $\left.\begin{matrix}1\\4\end{matrix}\right\}4.$

§ III. COMBINAISONS PAR 6 CHANCES.

Voïez § II, ART. II. $\left.\begin{matrix}1\\6\end{matrix}\right\}6.$

Avertißement.

IL a été démontré dans les deux premiers Articles, que *les* Cartes quadruples ne varient pas; qu'une carte simple ou triple produit 4 chances, que 2 cartes simples ou triples en produisent 16, c'est-à-dire se quadruplent l'une l'autre, & ainsi d'un plus grand nombre de cartes; qu'une carte double produit 6 chances, que 2 cartes doubles en produisent 36, c'est-à-dire, se sextuplent l'une l'autre, & ainsi d'un plus grand nombre de cartes. Je rappelle icy toutes ces connoißances, pour n'être pas obligé de faire encore dans ce troisieme Article de nouvelles démonstrations; & j'ajoute seulement, par rapport à la progreßion mixte que je vais faire, qu'il faut conclurre de ces connoißances que les cartes doubles, se rencontrant avec les simples ou triples, doivent être quadrupleés; ce qui est le même que de sextupler les simples ou triples par les doubles.

§ IV. COMBINAISONS PAR 24 CHANCES.

77755 ::

$\left.\begin{matrix}6\\4\end{matrix}\right\}24.$

EXEM-

EXEMPLES:

Par 5 Cartes.

40.	R	R	R	5	5
38.	-	-	-	4	4
36.	-	-	-	3	3
35.	5	5	5	R	R
34.	R	R	R	2	2
33.	7	7	7	6	6
32.	R	R	R	1	1
31.	7	7	7	5	5

Par 7 Cartes.

40.	7	7	7	7	1	1	R
39.	3	3	3	3	R	R	7
38.	6	6	6	6	2	2	R
37.	3	3	3	3	R	R	5
36.	6	6	6	6	1	1	R
35.	2	2	2	2	R	R	7
34.	-	-	-	-	-	-	6
33.	-	-	-	-	-	-	5

Suite par 7 Cartes.

32.	2	2	2	2	R	R	4
31.	-	-	-	-	-	-	3

Par 9 Cartes.

40.	1	1	1	1	R	R	R	3	3
39.	-	-	-	-	5	5	5	R	R
38.	-	-	-	-	R	R	R	2	2
37.	-	-	-	-	7	7	7	6	6
36.	-	-	-	-	4	4	4	R	R
35.	-	-	-	-	7	7	7	5	5
34.	3	3	3	3	6	6	6	2	2
33.	1	1	1	1	7	7	7	4	4
32.	3	3	3	3	6	6	6	1	1
31.	1	1	1	1	7	7	7	3	3

Par 11 Cartes.

40.	3	3	3	3	1	1	1	1	7	7	R
39.	2	2	2	2	-	-	-	-	R	R	7

Suite par 11 Cartes.

38.	2	2	2	2	1	1	1	1	R	R	6
37.	-	-	-	-	-	-	-	-	-	-	5
36.	-	-	-	-	-	-	-	-	-	-	4
35.	-	-	-	-	-	-	-	-	-	-	3
34.	-	-	-	-	-	-	-	-	6	6	R
33.	3	3	3	3	-	-	-	-	-	-	5
32.	-	-	-	-	-	-	-	-	-	-	4
31.	2	2	2	2	-	-	-	-	7	7	5

Par 13 Cartes.

36.	2	2	2	2	1	1	1	1	6	6	6	3	3
35.	-	-	-	-	-	-	-	-	-	5	5	5	4	4
34.	-	-	-	-	-	-	-	-	-	4	4	4	5	5
33.	-	-	-	-	-	-	-	-	-	3	3	3	6	6
32.	3	3	3	3	-	-	-	-	4	4	4	2	2
31.	2	2	2	2	-	-	-	-	3	3	3	5	5

§ V. COMBINAISONS PAR *36* CHANCES.

Voïez § III, ART. II. $\left.{6 \atop 6}\right\}36.$

§ VI. COMBINAISONS PAR *96* CHANCES.

R R D 1 $\vcenter{\hbox{∴}}$ $\left.{24 \atop 4}\right\}96.$

EXEMPLES:

Par 4 Cartes.

40.	R	R	D	V
37.	-	-	-	7
36.	-	-	-	6
35.	-	-	-	5
34.	-	-	-	4
33.	-	-	-	3
32.	-	-	-	2
31.	-	-	-	1

Par 6 Cartes.

40.	6	6	6	R	R	2
39.	-	-	-	-	-	1
38.	5	5	5	-	-	3
37.	-	-	-	-	-	2
36.	-	-	-	-	-	1
35.	4	4	4	-	-	3
34.	-	-	-	-	-	2
33.	-	-	-	-	-	1

Suite par 6 Cartes.

32.	2	2	2	R	R	6
31.	-	-	-	-	-	5

Par 8 Cartes.

40.	4	4	4	4	2	2	R	D
39.	-	-	-	-	6	6	-	1
38.	-	-	-	-	5	5	-	2
37.	-	-	-	-	-	-	-	1

Suite

Suite par 8 Cartes.	Par 10 Cartes.	Suite par 12 Cartes.

```
Suite par 8 Cartes.          Par 10 Cartes.               Suite par 12 Cartes.

36. 4 4 4 4 7 7 5 1   40. 1 1 1 1 2 2 2 R R D   31. 2 2 2 2 1 1 1 1 3 3 7 6
35. - - - - - - 3 2   39. - - - - 3 3 3 R R 6
34. - - - - 6 6 5 1   38. - - - - - - - - - 5        Autre maniere
33. - - - - - - 3 2   37. - - - - - - - - - 4        par 12 Cartes.
32. - - - - 2 2 7 5   36. - - - - 2 2 2 R R 6   40. 2 2 2 2 1 1 1 3 3 3 R R
31. - - - - - - 6 -   35. - - - - - - - - - 5   39. 1 1 1 1 2 2 2 - - - - -
                      34. - - - - - - - - - 4   37. - - - - 7 7 7 2 2 2 3 3
    Autre maniere     33. - - - - - - - - - 3   36. - - - - 6 6 6 2 2 2 4 4
    par 8 Cartes.     32. - - - - - - - 6 6 R   35. - - - - - - - 3 3 3 2 2
39. R R R 1 1 1 3 3   31. - - - 3 3 3 7 7 4     34. - - - - - - - 2 2 2 3 3
38. - - - 2 2 2 1 1                             33. - - - - 5 5 5 2 2 2 4 4
37. - - - 1 1 1 2 2        Par 12 Cartes.       32. - - - - - - - 3 3 3 2 2
36. 6 6 6 4 4 4 3 3   40. 2 2 2 2 1 1 1 1 4 4 R D  31. - - - - - - - 2 2 2 3 3
35. - - - 3 3 3 4 4   39. - - - - - - - - 5 5 R 7
34. - - - 4 4 4 2 2   38. - - - - - - - - - - - 6     Par 14 Cartes.
33. 7 7 7 2 2 2 3 3   37. - - - - - - - - 6 6 R 3   40. 2 2 2 2 1 1 1 1 4 4 4 3 3 R
32. - - - 3 3 3 1 1   36. - - - - - - - - 4 4 R 6   39. - - - - - - - - 3 3 3 4 4 R
31. 6 6 6 - - - 2 2   35. - - - - - - - - - - R 5   37. - - - - - - - - 4 4 4 3 3 7
                      34. - - - - - - - - 3 3 R 6   36. - - - - - - - - 3 3 3 4 4 7
        *⁎*           33. - - - - - - - - - - - 5   35. - - - - - - - - - - - - - 6
                      32. - - - - - - - - - - - 4   34. - - - - - - - - - - - - - 5
```

§ VII. COMBINAISONS PAR 144 CHANCES.

$$\left.{24 \atop 6}\right\}144. \qquad R R 5 5 1 \; {}^{\circ}_{\circ} \qquad \left.{36 \atop 4}\right\}144.$$

EXEMPLES:

Par 5 Cartes.	Par 7 Cartes.	Par 9 Cartes.

```
Par 5 Cartes.        Par 7 Cartes.          Par 9 Cartes.

40. R R 7 7 6    40. 2 2 2 R R 7 7    40. 1 1 1 1 R R 7 7 2
39. - - - - 5    39. 3 3 3 - - 5 5    39. - - - - - - 6 6 3
38. - - - - 4    38. 2 2 2 - - 6 6    38. - - - - - - - - 2
37. - - - - 3    37. 1 1 1 - - 7 7    37. - - - - - - 5 5 3
36. - - - - 2    36. 2 2 2 - - 5 5    36. - - - - - - - - 2
35. - - - - 1    35. 1 1 1 - - 6 6    35. - - - - - - 4 4 3
34. - - 6 6 2    34. 2 2 2 - - 4 4    34. - - - - - - - - 2
33. - - - - 1    33. 1 1 1 - - 5 5    33. - - - - - - 2 2 5
32. - - 5 5 2    32. 2 2 2 - - 3 3    32. - - - - - - - - 4
31. - - - - 1    31. 1 1 1 - - 4 4    31. - - - - - - - - 3
```

Par

Par 11 Cartes.

```
40.  1 1 1 1 2 2 2 R R 5 5
39.  2 2 2 2 3 3 3 - - 1 1
38.  1 1 1 1 2 2 2 - - 4 4
37.  - - - - 3 3 3 - - 2 2
36.  - - - - 2 2 2 - - 3 3
35.  - - - - 3 3 3 7 7 4 4
34.  - - - - 2 2 2 - - 5 5
33.  - - - - 3 3 3 6 6 4 4
32.  - - - - 2 2 2 - - 5 5
31.  - - - - 3 3 3 7 7 2 2
```

Par 13 Cartes.

```
40.  2 2 2 2 1 1 1 1 6 6 3 3 R
38.  - - - - - - - - 5 5 - - -
37.  - - - - - - - - 7 7 3 3 5
36.  - - - - - - - - - - - - 4
35.  - - - - - - - - 6 6 - - 5
34.  - - - - - - - - - - - - 4
33.  - - - - - - - - 5 5 4 4 3
32.  - - - - - - - - - - 3 3 4
31.  - - - - - - - - 4 4 - - 5
```

§ VIII. COMBINAISONS PAR 216 CHANCES.

Voïez § IV. ART. II.
$$\left.{{36}\atop{6}}\right\}216.$$

§ IX. COMBINAISONS PAR 384 CHANCES.

7 7 R 6 1 ::
$$\left.{{96}\atop{4}}\right\}384.$$

EXEMPLES:

Par 5 Cartes.

```
40.  R R D 7 3
39.  - - - - 2
38.  - - - - 1
37.  - - - 6 -
36.  - - - 5 -
35.  - - - 4 -
34.  - - - 3 -
33.  - - - 2 -
32.  - - 7 3 2
31.  - - - - 1
```

Par 7 Cartes.

```
40.  1 1 1 R R D 7
39.  - - - - - - 6
38.  - - - - - - 5
37.  - - - - - - 4
36.  - - - - - - 3
35.  - - - - - - 2
```

Suite par 7 Cartes.

```
34.  1 1 1 R R 7 4
33.  - - - - - - 3
32.  - - - - - - 2
31.  - - - - - - 1
```

Par 9 Cartes.

```
40.  1 1 1 1 R R 7 6 3
39.  - - - - - - - - 2
38.  - - - - - - - 5 2
37.  - - - - - - - 4 -
36.  - - - - - - - 3 -
35.  - - - - - - 6 3 2
34.  - - - - - - 5 - -
33.  - - - - - - 4 - -
32.  - - - - 7 7 6 5 3
31.  - - - - - - - - 2
```

Autre maniere par 9 Cartes.

```
40.  3 3 3 2 2 2 R R 5
39.  - - - - - - - - 4
38.  - - - 1 1 1 - - 6
37.  - - - - - - - - 5
36.  - - - - - - - - 4
35.  2 2 2 1 1 1 R R 6
34.  - - - - - - - - 5
33.  - - - - - - - - 4
32.  - - - - - - - - 3
31.  - - - - - 6 6 R
```

Par 11 Cartes.

```
38.  3 3 3 2 2 2 1 1 1 R R
37.  7 7 7 3 3 3 1 1 1 2 2
36.  - - - 2 2 2 1 1 1 3 3
35.  4 4 4 - - - - - 7 7
34.  6 6 6 3 3 3 1 1 1 2 2
```

Suite

Suite par 11 Cartes.		Suite par 13 Cartes.	
33.	6 6 6 2 2 2 1 1 1 3 3	39.	2 2 2 2 4 4 4 1 1 1 3 3 R
32.	3 3 3 - - - · - 7 7	38.	- - · - 3 3 3 - - - 4 4 -
31.	5 5 5 3 3 3 - - - 2 2	37.	1 1 1 1 3 3 3 2 2 2 7 7 4
		36.	- - - - - - - - - - 6 6 5
		35.	- - - - - - - - - - - - 4
		34.	- - - - - - - - - - 4 4 7
		33.	- - - - - - - - - - - - 6
		32.	- - - - - - - - - - - - 5

Autre maniere par 11 Cartes.

40.	1 1 1 1 2 2 2 R R 7 3
39.	- - - - - - - - - 6 -
38.	- - - - - - - - - 5 -
37.	- - - - - - - - - 4 -
36.	- - - - - - - 6 6 R 4
35.	- - - - - - - - - - 3
34.	- - - - - - - - - 7 5
33.	- - - - - - - - - - 4
32.	- - - - - - - - - - 3
31.	- - - - - - - - - 5 4

Autre maniere par 13 Cartes.

40.	2 2 2 2 1 1 1 1 3 3 R 7 5
39.	- - - - - - - - - - - - 4
38.	- - - - - - - - - - - 6 -
37.	- - - - - - - - - - - 5 -
36.	- - - - - - - - - - 7 6 5
35.	- - - - - - - - - - - - 4
34.	- - - - - - - - - - - 5 -
33.	- - - - - - - - - - 6 - -

Par 13 Cartes.

40.	2 2 2 2 3 3 3 1 1 1 5 5 R

§ X. COMBINAISONS PAR 576 CHANCES.

$$7 7 5 5 6 1 \; \substack{\circ\circ \\ \circ\circ}$$

$$\left.\begin{array}{r}96\\6\end{array}\right\}576. \qquad\qquad \left.\begin{array}{r}144\\4\end{array}\right\}576.$$

E X E M P L E S :

Par 6 Cartes.		Suite par 8 Cartes.		Suite par 10 Cartes.	
40.	R R 7 7 5 1	39.	1 1 1 R R 5 5 6	38.	1 1 1 1 R R 2 2 7 3
39.	- - - - 4 -	38.	- - - - - - 4 4 7	37.	- - - - - - - - 6 -
38.	- - - - 3 -	37.	- - - - - - - - 6	36.	- - - - - - - - 5 -
37.	- - - - 2 -	36.	- - - - - - - - 5	35.	- - - - - - - - 4 -
36.	- - 6 6 3 -	35.	- - - - - - 3 3 6	34.	- - - - 7 7 3 3 6 4
35.	- - - - 2 -	34.	- - - - - - - - 5	33.	- - - - - - - - 5 -
34.	- - 5 5 3 -	33.	- - - - - - - - 4	32.	- - - - - - 2 2 6 -
33.	- - - - 2 -	32.	- - - - - - 2 2 5	31.	- - - - - - - - 5 -
32.	- - 4 4 3 -	31.	- - - - - - - - 4		
31.	- - - - 2 -				

Par 8 Cartes.

40.	1 1 1 R R 5 5 7

Par 10 Cartes.

40.	1 1 1 1 R R 2 2 7 5
39.	- - - - - - - - - 4

Autre maniere par 10 Cartes.

40.	3 3 3 1 1 1 R R 4 4
39.	2 2 2 - - - - - 5 5

Suite

C

Suite par 10 Cartes.

```
37.  2 2 2 1 1 1 R R 4 4
36.  3 3 3 - - - 7 7 5 5
35.  2 2 2 - - - - - 6 6
34.  3 3 3 - - - - - 4 4
33.  2 2 2 - - - - - 5 5
32.  3 3 3 - - - 6 6 4 4
31.  2 2 2 - - - - - 5 5
```

Par 12 Cartes.

```
40.  1 1 1 1 2 2 2 R R 3 3 4
37.  - - - - - - - 7 7 5 5 3
36.  - - - - - - - - - 3 3 6
35.  - - - - - - - - - - - 5
34.  - - - - - - - - - - - 4
33.  - - - - - - - - 6 6 3 3 5
32.  - - - - - - - - 5 5 3 3 6
31.  - - - - - - - - 4 4 5 5 3
```

§ XI. COMBINAISONS PAR 864 CHANCES.

RR22115 ∷

$\left.{144 \atop 6}\right\}864.$ $\qquad\qquad$ $\left.{216 \atop 4}\right\}864.$

EXEMPLES:

Par 7 Cartes.

```
40.  R R 7 7 1 1 4
39.  - - - - - - 3
38.  - - - - - - 2
37.  - - 6 6 - - 3
36.  - - - - - - 2
35.  - - 5 5 - - 3
34.  - - - - - - 2
33.  - - 4 4 - - 3
32.  - - - - - - 2
31.  7 7 6 6 1 1 3
```

Par 9 Cartes.

```
40.  2 2 2 R R 6 6 1 1
```

Suite par 9 Cartes.

```
39.  1 1 1 R R 6 6 2 2
38.  2 2 2 - - 5 5 1 1
37.  1 1 1 - - - - 2 2
36.  2 2 2 - - 4 4 1 1
35.  1 1 1 - - - - 2 2
34.  2 2 2 - - 3 3 1 1
33.  1 1 1 - - - - 2 2
32.  2 2 2 7 7 5 5 1 1
31.  1 1 1 - - - - 2 2
```

Par 11 Cartes.

```
40.  1 1 1 1 R R 4 4 3 3 2
39.  - - - - - - - - 2 2 3
```

Par 11 Cartes.

```
38.  1 1 1 1 R R 3 3 2 2 4
37.  - - - - 7 7 6 6 2 2 3
36.  - - - - - - 5 5 3 3 2
35.  - - - - - - - - 2 2 3
34.  - - - - - - 4 4 3 3 2
33.  - - - - - - - - 2 2 3
32.  - - - - 6 6 4 4 3 3 2
31.  - - - - - - - - 2 2 3
```

Par 13 Cartes.

```
36.  1 1 1 1 2 2 2 6 6 4 4 3 3
35.  - - - - 3 3 3 5 5 4 4 2 2
34.  - - - 2 2 2 - - - - 3 3
```

§ XII. COMBINAISONS PAR 1296 CHANCES.

Voïez § V. ART. II. $\qquad$ $\left.{216 \atop 6}\right\}1296.$

§ XIII. COMBINAISONS PAR 1536 CHANCES.

77R642 ∷ $\qquad\qquad$ $\left.{384 \atop 4}\right\}1536.$

EXEM-

EXEMPLES:

Par 6 Cartes.

```
40.  R R 7 6 5 2
39.  - - - - - 1
38.  - - - - 4 -
37.  - - - - 3 -
36.  - - - - 2 -
35.  - - - 5 - -
34.  - - - 4 - -
33.  - - - 3 - -
32.  - - 6 - - -
31.  - - 5 - - -
```

Par 8 Cartes.

```
40.  1 1 1 6 6 R D 5
39.  - - - - - - - 4
38.  - - - - - - - 3
37.  - - - - - - - 2
36.  - - - - - - 7 4
35.  - - - - - - - 3
34.  - - - - - - - 2
33.  - - - - - - 5 3
32.  - - - - - - 4 -
31.  - - - - - - 4 2
```

Par 10 Cartes.

```
40.  2 2 2 1 1 1 R D 7 4
39.  - - - - - - - - - 3
38.  - - - - - - - - 6 -
37.  - - - - - - - - 5 -
36.  - - - - - - - - 4 -
35.  - - - - - - 6 6 R 4
34.  - - - - - - - - - 3
33.  - - - - - - 5 5 R 4
32.  - - - - - - - - - 3
31.  - - - - - - 6 6 7 -
```

Autre maniere par 10 Cartes.

```
40.  1 1 1 1 R R 7 4 3 2
39.  - - - - - - 6 - - -
38.  - - - - - - 5 - - -
37.  - - - 7 7 R - - - -
36.  - - - 6 6 R 5 3 2
35.  - - - - - - - 4 - -
34.  - - - 4 4 R 7 - - -
33.  - - - - - - 6 - - -
32.  - - - - - - - 5 - -
31.  - - - - - 7 6 4 2
```

Par 12 Cartes.

```
40.  1 1 1 1 2 2 2 5 5 R 7 3
39.  - - - - - - - - - - 6 -
38.  - - - - - - - 4 4 R 7 3
37.  - - - - - - - - - - 6 -
36.  - - - - - - - - - - 5 -
35.  - - - - - - - 3 3 R 5 4
34.  - - - - - - - - - 7 6 5
33.  - - - - - - - - - - - 4
32.  - - - - - - - - - - 5 -
31.  - - - - - - - - - 6 - -
```

Autre maniere par 12 Cartes.

```
40.  3 3 3 2 2 2 1 1 1 6 6 R
38.  - - - - - - - - - 5 5 -
37.  - - - - - - - - - 6 6 7
36.  - - - - - - - - 7 7 4
35.  - - - - - - - - 5 5 7
34.  - - - - - - - - - - 6
33.  - - - - - - - - - 4 4 7
32.  - - - - - - - - - - 6
31.  - - - - - - - - - - - 5
```

§ XIV. COMBINAISONS PAR 2304 CHANCES.

$$\left.{{384}\atop{6}}\right\}2304. \qquad 7\,7\,1\,1\,R\,3\,2\;{}^{\circ\circ}_{\circ\circ} \qquad \left.{{576}\atop{4}}\right\}2304.$$

EXEMPLES:

Par 7 Cartes.

```
40.  3 3 2 2 R D V
39.  7 7 - - - - 1
38.  5 5 - - - - 4
37.  - - - - - - 3
36.  3 3 - - - - 6
35.  - - - - - - 5
34.  - - - - - - 4
```

Suite par 7 Cartes.

```
33.  3 3 1 1 R R 5
32.  - - - - - - 4
31.  2 2 - - - - 5
```

Par 9 Cartes.

```
40.  1 1 1 R R 2 2 D 3
39.  - - - - - - - 7 5
38.  - - - - - - - - 4
```

Suite par 9 Cartes.

```
37.  1 1 1 R R 2 2 7 3
36.  - - - - - - - 6 -
35.  - - - - - - - 5 -
34.  - - - - - - - 4 -
33.  - - - 7 7 3 3 6 4
32.  - - - - - - - 5 -
31.  - - - - - 2 2 6 -
```


Par

Par 11 Cartes.

```
40.  1 1 1 1 2 2 3 3 R D 6
39.  . . . . . . . . . . 5
38.  . . . . . . . . . . 4
37.  . . . . . . . . . 7 6
36.  . . . . . . . . . . 5
35.  . . . . . . . . . . 4
34.  . . . . . . . . . 6 -
33.  . . . . . . . . . 5 -
```

Suite par 11 Cartes.

```
32.  1 1 1 1 3 3 2 2 7 6 5
31.  . . . . . . . . . . 4
```

Par 13 Cartes.

```
40.  1 1 1 1 2 2 2 4 4 3 3 R 6
39.  . . . . . . . . . . . . 5
37.  . . . . . . . . . . . 7 6
36.  . . . . . . . - 4 4 3 3 7 5
35.  . . . . . . . . . . . 6 -
```

§ XV. COMBINAISONS PAR 3456 CHANCES.

3 3 2 2 1 1 R D ::

$$\left.\begin{array}{l}576\\6\end{array}\right\}\ 3456. \qquad\qquad \left.\begin{array}{l}864\\4\end{array}\right\}\ 3456.$$

EXEMPLES:

Par 8 Cartes.

```
40.  R R 2 2 1 1 D 4
39.  . . . . . . . 3
38.  . . . . . . 7 5
37.  . . . . . . . 4
36.  . . . . . . . 3
35.  . . . . . . 6 -
34.  . . . . . . 5 -
33.  . . . . . . 4 -
32.  7 7 3 3 1 1 6 4
31.  . . . . . . 5 -
```

Par 10 Cartes.

```
40.  1 1 1 R R 3 3 2 2 7
```

Suite par 10 Cartes.

```
39.  1 1 1 R R 3 3 2 2 6
38.  . . . . . . . . . 5
37.  . . . . . . . . . 4
36.  . . . 7 7 4 4 3 3 5
35.  . . . . . . . 2 2 6
34.  . . . . . . . . . 5
33.  . . . . . . . 3 3 2
32.  . . . . . . . 2 2 3
31.  . . . 5 5 4 4 . . 6
```

Par 12 Cartes.

```
40.  1 1 1 1 6 6 3 3 2 2 R 4
39.  . . . . 5 5 4 4 2 2 R 3
```

Suite par 12 Cartes.

```
38.  1 1 1 1 4 4 3 3 2 2 R 6
37.  . . . . 7 7 3 3 2 2 5 4
36.  2 2 2 2 5 5 3 3 1 1 6 4
35.  1 1 1 1 4 4 3 3 2 2 7 6
34.  . . . . . . . . . . - 5
33.  . . . . . . . . . . 6 -
```

Autre maniere par 12 Cart.

```
37.  2 2 2 1 1 1 7 7 4 4 3 3
36.  3 3 3 . . . 6 6 . . 2 2
35.  2 2 2 . . . . . . . 3 3
34.  3 3 3 . . . 5 5 . . 2 2
33.  2 2 2 . . . . . . . 3 3
```

§ XVI. COMBINAISONS PAR 5184 CHANCES.

5 5 4 4 3 3 2 2 7 ::

$$\left.\begin{array}{l}864\\6\end{array}\right\}\ 5184. \qquad\qquad \left.\begin{array}{l}1296\\4\end{array}\right\}\ 5184.$$

EXEM-

EXEMPLES:

Par 9 Cartes.

40	R	R	4	4	2	2	1	1	6
39.	-	-	-	-	-	-	-	-	5
38.	-	-	3	3	-	-	-	-	6
37.	-	-	-	-	-	-	-	-	5
36.	-	-	-	-	-	-	-	-	4
35.	7	7	4	4	3	3	1	1	5
34.	-	-	-	-	2	2	1	1	6
33.	-	-	-	-	-	-	-	-	5
32.	-	-	3	3	-	-	-	-	6
31.	-	-	-	-	-	-	-	-	5

Par 11 Cartes.

37.	1	1	1	7	7	5	5	3	3	2	2
36.	2	2	2	7	7	4	4	3	3	1	1
35.	1	1	1	-	-	-	-	-	-	2	2
34.	2	2	2	6	6	4	4	3	3	1	1
33.	1	1	1	-	-	-	-	-	-	2	2
32.	2	2	2	5	5	4	4	3	3	1	1
31.	1	1	1	-	-	-	-	-	-	2	2

๑

§ XVII. COMBINAISONS PAR 6144 CHANCES.

$$1\,1\,R\,D\,4\,3\,2 \quad {}^{\circ}_{\circ}{}^{\circ}_{\circ}$$

$$\left.\begin{matrix}1536\\4\end{matrix}\right\} 6144.$$

EXEMPLES:

Par 7 Cartes.

40.	1	1	R	D	V	6	2
39.	-	-	-	-	-	5	-
38.	-	-	-	-	-	4	-
37.	-	-	-	-	-	3	-
36.	-	-	-	-	7	5	2
35.	-	-	-	-	-	4	-
34.	-	-	-	-	-	3	-
33.	-	-	-	-	6	3	2
32.	-	-	-	-	5	-	-
31.	-	-	-	-	4	-	-

Par 9 Cartes.

40.	1	1	1	2	2	R	D	7	6
39.	-	-	-	-	-	-	-	-	5
38.	-	-	-	-	-	-	-	-	4

Suite par 9 Cartes.

37.	1	1	1	2	2	R	D	7	3
36.	-	-	-	-	-	-	-	6	-
35.	-	-	-	-	-	-	-	5	-
34.	-	-	-	-	-	-	-	4	-
33.	-	-	-	-	-	-	7	6	-
32.	-	-	-	-	-	-	-	5	-
31.	-	-	-	-	-	-	-	4	-

Par 11 Cartes.

40.	1	1	1	1	2	2	R	D	5	4	3
39.	-	-	-	-	-	-	-	7	6	5	-
38.	-	-	-	-	-	-	-	-	-	4	-
37.	-	-	-	-	-	-	-	-	5	-	-
36.	-	-	-	-	-	-	-	6	-	-	-
35.	2	2	2	2	1	1	7	-	-	-	-

Suite par 11 Cartes.

34.	1	1	1	1	3	3	7	6	5	4	2
33.	-	-	-	-	2	2	-	-	-	-	3

Autre maniere par 11 Cartes.

40.	2	2	2	1	1	1	3	3	R	D	5
39.	-	-	-	-	-	-	-	-	-	-	4
38.	-	-	-	-	-	-	-	-	-	7	6
37.	-	-	-	-	-	-	-	-	-	-	5
36.	-	-	-	-	-	-	-	-	-	-	4
35.	-	-	-	-	-	-	-	-	-	6	-
34.	-	-	-	-	-	-	-	-	-	5	-
33.	-	-	-	-	-	-	-	-	7	6	5
32.	-	-	-	-	-	-	-	-	-	-	4
31.	-	-	-	-	-	-	-	-	-	5	-

§. XVIII.

§ XVIII. COMBINAISONS PAR 7776 CHANCES.

Voïez § VI, ART. II.

$$\left.{1296 \atop 6}\right\}7776.$$

§ XIX. COMBINAISONS PAR 9216 CHANCES.

$$\left.{1536 \atop 6}\right\}9216. \qquad 2211R654 \;{}^{\circ}_{\circ}{}^{\circ}_{\circ} \qquad \left.{2304 \atop 4}\right\}9216.$$

EXEMPLES:

Par 8 Cartes.	Suite par 10 Cartes.	Suite par 12 Cartes.
40. 2 2 1 1 R D V 4	39. 1 1 1 3 3 2 2 R D 6	37. 1 1 1 1 4 4 2 2 7 6 5 3
39. - - - - - - - 7 6	38. - - - - - - - R D 5	36. - - - - 3 3 - - - - - 4
38. - - - - - - - - 5	37. - - - - - - - - - 4	
37. - - - - - - - - 4	36. - - - - - - - - 7 6	Autre maniere par 12 Cartes.
36. - - - - - - - 3	35. - - - - - - - - - 5	40. 2 2 2 1 1 1 4 4 3 3 R 7
35. - - - - - - 6 -	34. - - - - - - - - - 4	39. - - - - - - - - - - - 6
34. - - - - - - 5 -	33. - - - - - - - 6 -	38. - - - - - - - - - - - 5
33. - - - - - 4 -	32. - - - - - - - 5 -	37. 3 3 3 1 1 1 4 4 2 2 7 6
32. - - - - 7 6 -	31. - - - - - - - 7 6 5	36. - - - - - - - - - - - 5
31. - - - - - 5 -		35. 2 2 2 1 1 1 4 4 3 3 7 5
Par 10 Cartes.	Par 12 Cartes.	34. - - - - - - - - - - 6 -
40. 1 1 1 3 3 2 2 R D 7	40. 1 1 1 1 3 3 2 2 R 7 5 4	
	39. - - - - - - - - - 6 - -	

§ XX. COMBINAISONS PAR 13824 CHANCES.

$$332211R54 \;{}^{\circ}_{\circ}{}^{\circ}_{\circ}$$

$$\left.{2304 \atop 6}\right\}13824. \qquad\qquad \left.{3456 \atop 4}\right\}13824.$$

EXEMPLES:

Par 9 Cartes.	Suite par 9 Cartes.
40. 4 4 2 2 1 1 R D 6	35. 3 3 2 2 1 1 R 7 6
39. - - - - - - - - 5	34. - - - - - - - - 5
38. 3 3 - - - - - - 6	33. - - - - - - - - 4
37. - - - - - - - - 5	32. - - - - - - - 6 -
36. - - - - - - - - 4	31. - - - - - - - 5 -

Par

Par 11 Cartes.	Suite par 11 Cartes.
40. 1 1 1 5 5 3 3 2 2 R 7	35. 2 2 2 4 4 3 3 1 1 7 6
39. - - - - - - - - - 6	34. - - - - - - - - - 5
38. 1 1 1 4 4 3 3 2 2 R 7	33. - - - - - - - - 6 -
37. - - - - - - - - - 6	32. 1 1 1 4 4 3 3 2 2 - -
36. - - - - - - - - - 5	

§ XXI. COMBINAISONS PAR 20736 CHANCES.

$$4 4 3 3 2 2 1 1 R 5 \quad \substack{\circ\circ}$$

$$\left.\substack{3456 \\ 6}\right\} 20736. \qquad\qquad \left.\substack{5184 \\ 4}\right\} 20736.$$

EXEMPLES:

Par 10 Cartes.	Suite par 10 Cartes.
40. 4 4 3 3 2 2 1 1 R D	35. 4 4 3 3 2 2 1 1 R 5
39. 5 5 - - - - - - - 7	34. 5 5 4 4 2 2 1 1 7 3
38. - - - - - - - - - 6	33. 4 4 3 3 2 2 1 1 7 6
37. 4 4 - - - - - - - 7	32. - - - - - - - - - 5
36. - - - - - - - - - 6	31. - - - - - - - - 6 -

§ XXII. COMBINAISONS PAR 24576 CHANCES.

$$1 1 R 6 5 4 3 2 \quad \substack{\circ\circ}$$

$$\left.\substack{6144 \\ 4}\right\} 24576.$$

EXEMPLES:

Par 8 Cartes.	Suite par 8 Cartes.	Suite par 10 Cartes.
40. 1 1 R D 6 5 4 3	32. 1 1 R 6 5 4 3 2	36. 2 2 2 1 1 R 6 5 4 3
39. - - - - - - - 2	31. 3 3 7 6 5 4 2 1	35. 1 1 1 2 2 - - - - -
38. - - - - - - 3 -		33. 2 2 2 1 1 7 - - - -
37. - - - - - 4 - -	Par 10 Cartes.	32. 1 1 1 2 2 - - - - -
36. 1 1 R D 5 4 3 2	40. 2 2 2 1 1 R 7 6 5 4	
35. 2 2 R 7 6 4 3 1	39. - - - - - - - - - 3	Par 12 Cartes.
34. 1 1 - - - - - 2	38. - - - - - - - - 4 -	40. 2 2 2 1 1 3 3 R 6 5 4
33. 1 1 R 7 5 4 3 2	37. - - - - - - - 5 - -	37. - - - - - - - - 7 - - -

§ XXIII.

§ XXIII. COMBINAISONS PAR 31104 CHANCES.

5 5 4 4 3 3 2 2 1 1 R ::

5184 / 6 } 31104.   7776 / 4 } 31104.

EXEMPLES:

Par 11 Cartes.

40.	5	5	4	4	3	3	2	2	1	1	R
37.	-	-	-	-	-	-	-	-	-	-	7
36.	-	-	-	-	-	-	-	-	-	-	6

§ XXIV. COMBINAISONS PAR 36864 CHANCES.

2 2 1 1 7 6 5 4 3 ::

6144 / 6 } 36864.   9216 / 4 } 36864.

EXEMPLES:

Par 9 Cartes.

40.	2	2	1	1	R	D	6	5	3
40.	2	2	1	1	R	D	6	5	3
39.	-	-	-	-	-	-	-	4	-
38.	-	-	-	-	-	-	5	-	-
37.	-	-	-	-	-	7	6	5	3
36.	-	-	-	-	-	-	-	4	-
35.	-	-	-	-	-	-	5	-	-
34.	-	-	-	-	-	6	-	-	-
33.	4	4	1	1	7	6	5	3	2
32.	3	3	-	-	-	-	-	4	-
31.	2	2	-	-	-	-	-	-	3

Par 11 Cartes.

40.	1	1	1	3	3	2	2	R	7	6	4
39.	-	-	-	-	-	-	-	-	-	5	-
38.	-	-	-	-	-	-	-	-	6	-	-
37.	1	1	1	4	4	3	3	7	6	5	2
36.	-	-	-	-	-	2	2	-	-	-	3
35.	-	-	-	3	3	2	2	7	6	5	4

✳ ✿ ✳

§ XXV. COMBINAISONS PAR 55296 CHANCES.

3 3 2 2 1 1 7 6 5 4 ::

9216 / 6 } 55296.   13824 / 4 } 55296.

EXEM-

EXEMPLES:

Par 10 Cartes.		Suite par 10 Cartes.
40. 3 3 2 2 1 1 R 7 6 5		37. 3 3 2 2 1 1 R 6 5 4
39. - - - - - - - - - 4		35. 4 4 2 2 1 1 7 6 5 3
38. - - - - - - - - 5 -		34. 3 3 - - - - - - - 4

§ XXVI. COMBINAISONS PAR 98304 CHANCES.

1 1 R 7 6 5 4 3 2 ∷

$$24576 \atop 4 \Big\} 98304.$$

EXEMPLES:
Par 9 Cartes.

40. 2 2 R 7 6 5 4 3 1 | 39. 1 1 R 7 6 5 4 3 2

EXEMPLES OBMIS.

ART. I. §. III. Par 12 Cartes.
39. 4 4 4 4 1 1 1 1 3 3 3 R | 38. 3 3 3 3 1 1 1 1 4 4 4 R

ART. I. §. V. Par 14 Cartes.
40. 2 2 2 2 1 1 1 1 3 3 3 R 5 4 | 36. 2 2 2 2 1 1 1 1 3 3 3 6 5 4
37. - - - - - - - - - - - 7 - - |

ART. I. §. VII. 2.ᵉ maniere par 12 Cartes.
37. 1 1 1 1 3 3 3 7 6 5 4 2

ART. III. §. XIV. 2ᵉ maniere par 11 Cartes.

40. 3 3 3 1 1 1 2 2 7 7 R		35. 2 2 2 1 1 1 3 3 5 5 R
39. 2 2 2 - - - 3 3 - - -		34. 3 3 3 - - - 2 2 4 4 -
38. 3 3 3 - - - 2 2 6 6 -		33. 2 2 2 - - - 3 3 - - -
37. 2 2 2 - - - 3 3 - - -		32. 4 4 4 2 2 2 3 3 1 1 6
36. 3 3 3 - - - 2 2 5 5 -		31. - - - - - - - - - - 5

CORRECTIONS.

ART. III. §. IX. Par 7 Cartes, *aulieu de* 71 *lisez* 62.
§. XIII. Par 10 Cartes, *aulieu de* R D *lisez* R R.

D

Nota.

Nota. *L'Ordre, dans lequel j'ai placé les cartes tant dans les Démonstrations que dans les éxemples, ne doit pas être pris en rigueur ; j'ai seulement consideré si les rencontres de telles ou telles cartes pouvoient former un des 10 nombres de ce Jeu, faisant abstraction de leur arrangement. Au commencement de la Seconde Partie, je traite fort au long des Modes que tous les arrangemens des cartes ne forment pas.*

TABLE

TABLE OU RÉCAPITULATION DE CE QUI A ÉTÉ DÉMONTRÉ
Sur les Combinaisons.

Nota. L'on ne suit point icy l'ordre, qui n'avoit été tenu dans les Progressions que pour abréger ; mais reprenant celui qui est le plus naturel, on range chaque Combinaison par la quantité de chances qu'elle produit, & l'on désigne les Combinaisons chacune par une lettre, pour pouvoir plus aisément les réduire en Table.

1 … par … a	16 …… d	64 …… g	216 …… k	576 …… n	1296 …… q	3456 …… t	6144 …… y	13824 …… A	24576 …… [?]	55296 …… [?]
4 …… b	24 …… e	96 …… h	256 …… l	864 …… o	1536 …… r	4096 …… u	7776 …… z	16384 …… [?]	31104 …… [?]	65536 …… [?]
6 …… c	36 …… f	144 …… i	384 …… m	1024 …… p	2304 …… s	5184 …… x	9216 …… [?]	20736 …… [?]	36864 …… [?]	98304 …… [?]

QUANTITÉ des Cartes.	XXXI.	XXXII.	XXXIII.	XXXIV.	XXXV.	XXXVI.	XXXVII.	XXXVIII.	XXXIX.	XL.
IV.	d, h, l.	d, f, h, l.	d, h, l.	d, f, h, l.	d, h, l.	d, h, l.	d, h, l.			a, d, f, h.
V.	b, e, g, i, m, p.	b, e, g, i, m, p.	b, e, g, i, m, p.	b, e, g, i, m, p.	e, g, i, m, p.	g, i, m, p.	g, i, m, p.	e, c, g, i, m, p.	g, i, m, p.	e, g, i, m, p.
VI.	d, h, l, n, r, u.	c, d, h, k, l, n, r, u.	c, d, h, l, u, r, u.	c, d, h, k, l, n, r, u.	d, h, l, n, r, u.	c, d, d, h, k, l, n, r, u.	d, h, l, n, e, u.	d, h, k, l, n, r, u.	d, d, h, l, n, r, u.	c, d, h, k, l, o, r, u.
VII.	b, e, g, g, i, m, o, p, s, y, z.	b, e, g, g, i, m, o, r, s, y, z.	b, e, g, g, i, m, o, p, s, y, y.	b, e, g, g, i, m, o, p, s, v, y.	e, g, g, i, m, o, p, s, y, z.	b, e, g, g, i, m, o, p, s, y, y.	b, e, g, g, i, m, o, p, s, y, z.	b, e, g, g, i, m, o, p, s, s, y.	e, g, g, i, m, o, p, s, y, z.	e, g, g, i, m, o, p, s, y, z.
VIII.	d, h, h, l, l, n, r, t, u, x, z.	a, d, f, h, h, l, i, o, q, r, t, u, x, z.	d, h, h, l, l, n, r, t, u, x, z.	d, f, h, h, l, l, e, q, r, t, u, x, z.	d, h, h, l, l, r, t, u, x, z.	a, d, f, h, h, l, l, n, q, r, t, u, x, z.	d, h, h, l, l, n, r, t, u, x, z.	d, f, h, h, l, l, n, q, r, t, u, x, z.	d, h, h, l, l, n, r, t, u, x, z.	d, f, h, l, l, n, q, r, t, u, x, z.
IX.	b, e, g, i, m, m, o, p, p, s, x, y, a, z.	b, e, k, i, m, m, o, p, p, s, x, y, a, y, z.	b, e, g, g, i, m, m, o, p, p, s, x, y, a, y, z.	b, e, g, i, m, m, o, r, p, s, x, y, z.	b, e, g, i, m, o, p, p, s, x, y, a, y, z.	b, e, g, g, i, m, m, o, p, p, s, x, y, a, y, z.	b, e, g, r, m, m, o, p, p, s, x, y, a, y, z.	b, e, g, i, m, m, o, p, p, s, x, y, a, y, z.	e, g, g, i, m, m, o, p, p, s, x, y, a, y, z.	e, g, i, m, m, o, p, p, s, x, y, a, z.
X.	d, d, h, l, l, n, n, r, r, t, u, u, a, z.	c, d, d, h, k, l, i, n, n, r, r, t, u, x, a, z.	d, d, h, l, l, o, n, r, r, t, u, a, z.	c, d, d, h, k, l, l, n, r, r, t, u, u, a, f, z.	d, d, h, l, l, n, r, r, t, u, u, a, z.	c, d, d, h, k, l, l, n, o, r, r, t, u, u, a, f, z.	d, d, h, l, l, n, r, r, t, u, u, a, f, z.	d, h, k, l, n, n, r, r, t, u, u, a, f, z.	d, h, l, n, n, r, r, t, u, u, a, f, z.	c, d, d, h, k, l, l, n, n, r, r, t, u, u, z, a, f.
XI	b, e, g, g, i, m, m, o, p, p, s, s, x, y.	b, e, g, g, i, m, m, o, p, p, s, s, x, y, z.	b, e, g, g, i, m, m, o, p, p, s, s, x, y, y, z.	b, e, g, g, i, m, m, o, p, p, s, s, x, v, y, a, y.	b, e, g, g, i, m, m, o, p, p, s, s, x, y, y, z.	e, g, g, i, m, m, o, p, p, s, s, x, y, y, a, y, z, e.	e, g, g, i, m, m, o, p, p, s, s, x, y, y, z, e.	e, g, g, i, m, m, o, p, p, s, s, x, y, y, a, e.	e, g, g, i, m, o, p, p, s, s, y, y, a, y, z, n.	c, g, g, i, m, o, p, p, s, s, y, y, a, y, z, n.
XII.	d, h, h, l, l, o, r, t.	a, d, f, h, h, l, i, u, q, r, t.	d, h, h, l, l, l, n, r, r, t, t, u.	a, f, h, h, l, l, n, q, s, r, t, t, u, x.	d, h, h, l, l, n, r, t, t, u, n.	a, d, f, h, h, l, l, l, n, q, r, r, t, c.	d, h, h, l, l, l, n, r, r, t, t, u.	d, f, h, l, l, r, r, n, u, x.	d, h, h, l, l, r, t, u, n, a.	d, f, h, h, l, l, n, r, r, t, t, u, u, x, a, e.
XIII.	b, e, g, g, i.	e, k, g, i, m.	b, e, g, i, m, m.	b, e, g, g, i, m, m, o, p.	b, e, g, g, i, m, o, p, p, s.	e, g, i, m, m, o, p, p, s.	g, i, m, m, p, p, p, s.	b, g, i, m, m, p.	g, m, o, p, s.	g, i, m, m, p, p, p, s.
XIV.		e.	d, d	c, d, d, h.	d, h.	c, d, h, l.	d, l, l.	d.	d, h.	d, h, l.

CALCUL

DU JEU APPELLÉ PAR LES FRANÇOIS

LE TRENTE-ET-QUARANTE,

ET QUE L'ON NOMME A FLORENCE

LE TRENTE-ET-UN.

SECONDE PARTIE.

Defcription des Modes, par où l'on parvient à connoître la quantité des chances, ou maniéres particuliéres dont peuvent venir les Nombres 31, 32, 33, 34, 35, 36, 37, 38, 39, & 40.

Premier Avertißement.

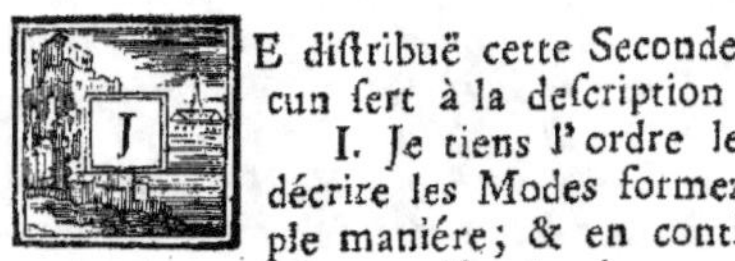

J E diftribuë cette Seconde Partie en 10 Articles, dont chacun fert à la defcription des Modes d'un des 10 Nombres.

I. Je tiens l'ordre le plus naturel, en commençant à décrire les Modes formez par 4 cartes, qui eft la plus fimple maniére; & en continuant par 5, 6, jusques & par 14 cartes, qui eft la maniére le plus compléxe, dont les Nombres peuvent venir.

D 2

II. Je

II. Je place d'abord les Modes, dont les chances font les moindres; & je continuë à les décrire felon la quantité de leurs chances, ce que je fais pour fuivre l'ordre de la Table, qui eft à la fin de la Premiére Partie.

III. Je commence par les cartes qui comptent le plus, comme font les figures, les fept &c., ce qui eft le même que fi je commençois par celles qui comptent le moins; mais j'ai foin qu'il y ait un ordre exactement fuivi, pour qu'il ferve à faire connoître s'il y a quelque Mode obmis.

Second Avertiffement.

LES cartes font toûjours exprimées dans cette Seconde Partie par R, D, V, 7, 6, 5, 4, 3, 2, 1.

Une ligne - tient lieu de la carte audeffous de la quelle elle eft placée. Un petit o marque que le Mode, à côté du quel il fe trouve, doit être compté 3 fois. Une étoile * figniffie que le Mode ne doit pas être compris dans la récapitulation pour un entier; comme on l'explique au long cy-après.

Comme les Modes par *Rois* font de même poffibles par *Dames*, & par *Valets*, pour abréger j'en ai feulement décrit un des trois; je fais auffi la même chofe à l'égard des Modes par R R D, R R V, D D R, D D V, V V R, V V D; & aulieu de les décrire tous les fix, je mets feulement R R D o, R R V o, fans exprimer les 4 autres, les quels, par le moïen du petit o qui me fait compter 3 fois chacun des deux Modes décrits, fe trouvent emploïez dans la récapitulation comme s'ils avoient été exprimez; Mais je ne mets point l'o à côté des Modes par R D V, par-ce-que, ne pouvant pas varier, ils doivent être feulement comptez une fois.

L'ordre dans lequel je range les cartes, en mettant d'abord les Quadruples, après elles les Triples, les Doubles, & les Simples, ne doit point être regardé comme effentiel; je ne le tiens que pour qu'on reconnoiffe plus aifément à quelle combinaifon chaque Mode a rapport.

LES trois Progreffions, qui forment la Premiére Partie de ce Calcul, m'ont fait connoître toutes les Combinaifons, ou rencontres des cartes, d'où peuvent être produits les 10 Nombres de ce Jeu; & m'ont appris la quantité de chances, dont chacune des Combinaifons eft fufceptible. Regardant préfentement chaque Combinaifon comme un archetype ou modelle de Modes, j'en concluë que la quantité des chances, que j'ai démontré appartenir à une Combinaifon, appartient néceffairement aux Modes qui lui font femblables. Ainfi, faifant ufage de la Table précédente, qui contient toutes les Combinaifons démontrées convenir à chaque Nombre par les différentes quantités de cartes, je décris tous les Modes que je trouve femblables aux Combinaifons établies; ce qui me conduit à connoître la quantité de chances, ou maniéres particuliéres dont peut venir chacun des 10 Nombres. Par exemple j'ai appris dans la Premiére Partie qu'une carte triple

ple

ple & une simple produisent 16 chances; *la Table m'indique que* cette Combinaison convient au Nombre XXXI par 4 Cartes; *sur cela* je décris R R R 1, 7 7 7 R, & autre Modes, que je trouve semblables à cette Combinaison; *& aïant mis en tête par 16 chances, quand je viens à la récapitulation*, je multiplie chacun de ces Modes par 16, *& demême les Modes par les autres quantitez de chances & de cartes; ce qui me fait savoir qu' il y a tant de chances, ou ce qui est le même, qu'* il y tant de maniéres dont peut venir le dit Nombre XXXI.

Examen des Modes que tous les arrangemens des Cartes ne forment pas.

J'Examine présentement en quoi peuvent différer les Modes semblables ou relatifs à une même Combinaison.

L'on m'accordera facilement que deux personnes ne feroient pas une gageure égale, si l'une parioit *que*, après que l'on auroit coupé, *les* 3 *premiéres cartes seroient une Dame, un sept, & un as*, demaniére cependant qu' il n'importât pas laquelle de ces 3 cartes seroit tirée la premiere, la seconde, ou la troisieme; l'autre personne aucontraire, *pariant pour un Cinq, un Trois, & un Deux, ne pourroit gagner que si ces cartes sortoient dans l'ordre proposé*. Il en est de même de plusieurs Modes, qui peuvent bien être formez par telles cartes; mais pour la formation des quels tous les arrangemens de ces cartes ne servent pas. Par-exemple le Nombre XXXII peut être produit par 1 1 R D V; mais si un des deux As étoit tiré la cinquieme carte, le Nombre XXXII ne seroit pas produit; aulieu que 3 3 R D 6 produiront toûjours XXXII, en quelque ordre que soient tireés ces cartes. Je vais donc donner une méthode pour la déduction que l'on doit faire sur les Modes, que tous les arrangemens de cartes ne forment pas.

Je commence par 4 cartes, & ne m'étends que jusques & compris 14 cartes; parceque moins de 4 n'arrivent à produire aucun des 10 Nombres de ce Jeu, & plus de 14 excédent, ou ne sont propres à former aucun Nombre.

Quatre Cartes peuvent s'arranger de 24 façons, comme l'on voit :

```
R D V 7      D V 7 R      V 7 R D      7 R D V
- - 7 V      - - R 7      - - D R      - - V D
- V 7 D      - 7 R V      - R D 7      - D V R
- - D 7      - - V R      - - 7 D      - - R V
- 7 D V      - R V 7      - D 7 R      - V R D
- - V D      - - 7 V      - - R 7      - - D R
└──┴──┘      └──┴──┘      └──┴──┘      └──┴──┘
```

Et Cinq cartes peuvent s'arranger de 120 façons.

	R	D	V	7	3
	-	-	-	3	7
4°.	-	-	7	3	V
	-	-	-	V	3
	-	-	3	V	7
4°.	-	-	-	7	V
4°.	-	V	7	3	D
	-	-	-	D	3
	-	-	3	D	7
4°.	-	-	-	7	D
	-	-	D	7	3
	-	-	-	3	7
4°.	-	7	3	D	V
4°.	-	-	-	V	D
	-	-	D	V	3
4°.	-	-	-	3	V
4°.	-	-	V	3	D
	-	-	-	D	3
	-	3	D	V	7
4°.	-	-	-	7	V
4°.	-	-	V	7	D
	-	-	-	D	7
4°.	-	-	7	D	V
4°.	-	-	-	V	D
4°.	D	V	7	3	R
	-	-	-	R	3
	-	-	3	R	7
4°.	-	-	-	7	R
	-	-	R	7	3
	-	-	-	3	7

4°.	D	7	3	R	V
4°.	-	-	-	V	R
	-	-	R	V	3
4°.	-	-	-	3	V
4°.	-	-	V	3	R
	-	-	-	R	3
	-	3	R	V	7
4°.	-	-	-	7	V
4°.	-	-	V	7	R
	-	-	-	R	7
4°.	-	-	7	R	V
4°.	-	-	-	V	R
	-	R	V	7	3
	-	-	-	3	7
4°.	-	-	7	3	V
	-	-	-	V	3
	-	-	3	V	7
4°.	-	-	-	7	V
4°.	V	7	3	R	D
4°.	-	-	-	D	R
	-	-	R	D	3
4°.	-	-	-	3	D
4°.	-	-	D	3	R
	-	-	-	R	3
	-	3	R	D	7
4°.	-	-	-	7	D
4°.	-	-	D	7	R
	-	-	-	R	7
4°.	-	-	7	R	D
4°.	-	-	-	D	R

	V	R	D	7	3
	-	-	-	3	7
4°.	-	-	7	3	D
	-	-	-	D	3
	-	-	3	D	7
4°.	-	-	-	7	D
4°.	-	D	7	3	R
	-	-	-	R	3
	-	-	3	R	7
4°.	-	-	-	7	R
	-	-	R	7	3
	-	-	-	3	7
4°.	7	3	R	D	V
4°.	-	-	-	V	D
4°.	-	-	D	V	R
4°.	-	-	-	R	V
4°.	-	-	V	R	D
4°.	-	-	-	D	R
	-	R	D	V	3
4°.	-	-	-	3	V
4°.	-	-	V	3	D
	-	-	-	D	3
4°.	-	-	3	D	V
4°.	-	-	-	V	D
4°.	-	D	V	3	R
	-	-	-	R	3
4°.	-	-	3	R	V
4°.	-	-	-	V	R
	-	-	R	V	3
4°.	-	-	-	3	V

4°.	7	V	3	R	D
4°.	-	-	-	D	R
	-	-	R	D	3
4°.	-	-	-	3	D
4°.	-	-	D	3	R
	-	-	-	R	3
	3	R	D	V	7
4°.	-	-	-	7	V
4°.	-	-	V	7	D
	-	-	-	D	7
4°.	-	-	7	D	V
4°.	-	-	-	V	D
4°.	-	D	V	7	R
	-	-	-	R	7
4°.	-	-	7	R	V
4°.	-	-	-	V	R
	-	-	R	V	7
4°.	-	-	-	7	V
4°.	-	V	7	R	D
4°.	-	-	-	D	R
	-	-	R	D	7
4°.	-	-	-	7	D
4°.	-	-	D	7	R
	-	-	-	R	7
4°.	-	7	R	D	V
4°.	-	-	-	V	D
4°.	-	-	D	V	R
4°.	-	-	-	R	V
4°.	-	-	V	R	D
4°.	-	-	-	D	R

Je ne continuë pas le détail trop long des autres quantités de cartes; il suffit pour m'en excuser de dire, que pour 14 cartes il y a 87178291200 arrangemens, & à proportion pour 13 cartes & pour 12; je pense que ç'auroit été emplir bien mal-à-propos un volume. D'ailleurs les deux exemples cy-deffus font fuffifans pour ce que je veux établir; car dans l'un & l'autre l'on voit que chacune des cartes fe trouve un nombre égal de fois dans chaque place, c'eft-a-dire, premiere, feconde, troifieme, quatrieme, & cinquieme; & l'on ne peut pas refufer d'accorder que dans un plus grand nombre d'arrangemens chacune des cartes fe trouveroit de même autant de fois dans chaque place. Ainfi, pour continuer à me fer-

vir

vir de l'exemple que j'ai donné cydessus R D V 73, si je veux savoir pour combien je dois l'emploïer dans la récapitulation, j'examine que des 120 arrangemens il y en a 72 seulement qui forment le Nombre XL; mais 72 sont à 120, ce que 3 sont à 5: j'emploïerai donc ce Mode pour 3 cinquiemes seulement. De même, voulant savoir la valeur du Mode R R 5 5 1 1, je considére que, toutes les fois qu'un des deux As se trouve derniere carte, le Nombre XXXII n'est pas formé; & je connois aisément, par ce qui vient d'être expliqué, que dans 6 arrangemens un des deux as se trouvera 2 fois derniére carte; j'en concluë donc que ce Mode ne doit être emploïé que pour 4 sixiemes ou 2 tiers, aïant contraire à sa formation 2 sixiemes ou 1 tiers. Je crois qu'un peu de réflexion sur ces exemples les rendra suffisans pour l'évaluation des Modes par une plus grande quantité de cartes, & par un plus grand nombre d'arrangemens contraires; Et afin que les Modes, sur les quels il y a quelque déduction à faire, soient facilement reconnus, je mets à côté une petite étoile *.

Je passe présentement à la description des Modes.

ARTICLE PREMIER.

Description des Modes du Nombre XXXI.

Pat 4 Cartes.

Modes.

Par 16 chances.

R	R	R	1	0
7	7	7	R	0

par 96 chances.

R	R	D	1	0
-	-	V	-	0
-	-	7	4	0
-	-	6	5	0

par 256 chances.

R	D	V	1	
-	-	7	4	0
-	-	6	5	0

Par 5 Cartes.

Par 4 chances.

7	7	7	7	3
6	6	6	6	7

par 24 chances.

7	7	7	5	5

par 64 chances.

7	7	7	6	4
6	6	6	R	3	0
5	5	5	R	6	0

par 144 chances.

R	R	5	5	1	0
-	-	4	4	3	0
-	-	3	3	5	0
-	-	2	2	7	0
7	7	6	6	5	

Suite par 5 Cartes.

Par 384 chances.

R	R	7	3	1	0
-	-	6	4	1	0
-	-	-	3	2	0
-	-	5	4	2	0
7	7	R	6	1	0
-	-	-	5	2	0
-	-	-	4	3	0
6	6	R	7	2	0
-	-	-	5	4	0
5	5	R	D	1	0
-	-	-	7	4	0
4	4	R	D	3	0
-	-	-	7	6	0
3	3	R	D	5	0
2	2	R	D	7	0

Suite par 5 Cartes.

Par 1024 chances.

R	D	7	3	1	0
-	-	6	4	1	0
-	-	6	3	2	0
-	-	5	4	2	0
-	7	6	5	3	0

Par 6 Cartes.

Par 16 chances.

7	7	7	7	2	1
6	6	6	6	5	2
-	-	-	-	4	3
5	5	5	5	R	1	0
-	-	-	-	7	4
4	4	4	4	R	5	0

Suite

Suite par 6 Cart.

Par 96 chances.
7 7 7 4 4 2
· · · 3 3 4
· · · 2 2 6
6 6 6 5 5 3
· · · 4 4 5
· · · 3 3 7
5 5 5 7 7 2
· · · 6 6 4
· · · 3 3 R 0
4 4 4 7 7 5
· · · 6 6 7
3 3 3 R R 2 0
· · · 6 6 R 0
2 2 2 R R 5 0

par 256 chances.
7 7 7 6 3 1
· · · 5 4 1
· · · 5 3 2
6 6 6 R 2 1 0
· · · 7 5 1
· · · 7 4 2
5 5 5 R 4 2 0
· · · 7 6 3
4 4 4 R 7 2 0
· · · 6 3 0
3 3 3 R D 2 0
· · · 7 5 0
2 2 2 R D 5 0

par 576 chanc.
R R 4 4 2 1 0
· · 3 3 4 1 0
· · 2 2 6 1 0
· · · 4 3 0
· · 1 1 7 2 0
· · · 6 3 0
· · · 5 4 0
7 7 6 6 4 1
· · · · 3 2
· · 5 5 6 1
· · · · 4 3
· · 4 4 6 3

Suite par 6 Cart.

7 7 3 3 R 1 0
· · · · 6 5
· · 2 2 R 3 0
· · 1 1 R 5 0
6 6 5 5 7 2
· · 4 4 R 1 0
· · 2 2 R 5 0
· · 1 1 R 7 0
5 5 4 4 R 3 0
· · · · 7 6
· · 2 2 R 7 0
4 4 3 3 · · 0

par 1536 chances.
R R 5 3 2 1 0
7 7 R 4 2 1 0
· · 6 5 4 2
6 6 R 5 3 1 0
· · · 4 3 2 0
· · 7 5 4 3
5 5 R 7 3 1 0
· · · 6 4 1 0
· · · 3 2 0
4 4 R D 2 1 0
· · · 7 5 1 0
· · · 6 5 2 0
3 3 R D 4 1 0
· · · 7 6 2 0
· · · 6 5 4 0
2 2 R D 6 1 0
· · · · 4 3 0
· · · 7 6 4 0
1 1 R D 7 2 0
· · · · 6 3 0
· · · 5 4 0

par 4096 chances.
R D 5 3 2 1 0
· 7 6 5 2 1 0
· · · 4 3 1 0
· · 5 4 3 2 0

❧

Par 7 Cartes.

Par 4 chances.
7 7 7 7 1 1 1
4 4 4 4 5 5 5

par 24 chances.
6 6 6 6 3 3 1
· · · · 2 2 3
· · · · 1 1 5
5 5 5 5 4 4 3
· · · · 2 2 7
4 4 4 4 7 7 1
· · · · 6 6 3
3 3 3 3 7 7 5
· · · · 6 6 7
2 2 2 2 R R 3 0
1 1 1 1 R R 7 0

par 64 chances.
6 6 6 6 4 2 1
5 5 5 5 7 3 1
· · · · 6 4 1
· · · · · 3 2
4 4 4 4 R 3 2 0
· · · · 7 6 2
· · · · · 5 3
3 3 3 3 R 7 2 0
· · · · · 5 4 0
2 2 2 2 R D 3 0
· · · · · 7 6 0
1 1 1 1 R D 7 0

Autres
par 64 chances.
7 7 7 3 3 3 1
· · · 2 2 2 4
6 6 6 4 4 4 1
· · · 3 3 3 4
· · · 2 2 2 7
· · · 1 1 1 R 0
5 5 5 3 3 3 7
· · · 2 2 2 R 0
4 4 4 3 3 3 R 0

par 144 chances.
7 7 7 4 4 1 1
· · · 3 3 2 2

Suite par 7 Cartes.

5 5 5 7 7 1 1
· · · 6 6 2 2
3 3 3 R R 1 1 0
· · · 7 7 4 4
· · · 6 6 5 5
1 1 1 R R 4 4 0

par 384 chances.
7 7 7 2 2 5 1
· · · 1 1 6 2
· · · · · 5 3
6 6 6 5 5 2 1
· · · 4 4 3 2
· · · 3 3 5 2
· · · 2 2 5 4
· · · 1 1 7 4
5 5 5 6 6 3 1
· · · 4 4 7 1
· · · · · 6 2
· · · 3 3 6 4
· · · 1 1 R 4 0
4 4 4 7 7 3 2
· · · 6 6 5 2
· · · 5 5 7 2
· · · · · 6 3
· · · 3 3 7 6
· · · 2 2 R 5 0
· · · 1 1 R 7 0
5 5 5 6 6 3 1
· · · 4 4 7 1
· · · · · 6 2
· · · 3 3 6 4
· · · 1 1 R 4 0
4 4 4 7 7 3 2
· · · 6 6 5 2
· · · 5 5 7 2
· · · · · 6 3
· · · 3 3 7 6
· · · 2 2 R 5 0
· · · 1 1 R D 0
2 2 2 R R 4 1 0
· · · 7 7 R 1 0
· · · · · 6 5
· · · 6 6 R 3 0
· · · 4 4 R 7 0
1 1 1 R R 6 2 0
· · · · · 5 3 0
· · · 7 7 R 4 0
· · · 4 4 R D 0

par 864 chances.
R R 3 3 2 2 1 0
· · 2 2 1 1 5 0

Suite

Suite par 7 Cartes.	Suite par 7 Cartes.	Par 8 Cartes.

Suite par 7 Cartes.

```
7 7 6 6 2 2 1
- - - - 1 1 3
- - 5 5 3 3 1
- - - - 2 2 3
- - 4 4 2 2 5
6 6 5 5 4 4 1
- - - - 1 1 7
- - 4 4 3 3 5
- - - - 2 2 7
5 5 4 4 3 3 7
par 1024 chances.
7 7 4 3 2 1
6 6 6 7 - - -
- - - 5 4 3 1
5 5 5 R 3 2 1 0
- - - 7 6 - -
- - - - 4 3 2
4 4 4 R 6 2 1 0
- - - - 5 3 - 0
- - - 7 6 5 1
3 3 3 R 7 4 1 0
- - - - 6 5 1 0
- - - - - 4 2 0
- - - 7 6 5 4
2 2 2 R D 4 1 0
- - - - 7 5 3 0
- - - - 6 5 4 0
1 1 1 R D 6 2 0
- - - - - 5 3 0
- - - - 7 6 5 0
par 2304 chances.
R R 1 1 4 3 2 0
7 7 5 5 4 2 1
- - 4 4 6 2 1
- - - - 5 3 1
- - 3 3 6 4 1
- - - - 5 4 2
- - 2 2 6 4 3
- - 1 1 R 3 2 0
- - - - 6 5 4
6 6 5 5 4 3 1
- - 4 4 7 3 1
```

Suite par 7 Cartes.

```
6 6 3 3 R 2 1 0.
- - - - 7 5 1
- - - - - 4 2
- - 2 2 R 4 1 0
- - - - 7 5 3
- - 1 1 R 5 2 0
- - - - - 4 3 0
5 5 4 4 R 2 1 0
- - 3 3 R 4 1 0
- - - - 7 6 2
- - 2 2 R 6 1 0
- - - - - 4 3 0
- - - - 7 6 4
- - 1 1 R 7 2 0
- - - - - 6 3 0
4 4 3 3 R 6 1 0
- - - - - 5 2 0
- - 2 2 R 6 3 0
- - 1 1 R 6 5 0
3 3 2 2 R D 1 0
- - - - - 7 4 0
- - - - - 6 5 0
- - 1 1 R 7 6 0
2 2 1 1 R D 5 0
par 6144 chances.
7 7 6 5 3 2 1
6 6 7 5 4 2 1
5 5 7 6 4 3 1
4 4 R 7 3 2 1 0
- - 7 6 5 3 2
3 3 R 7 5 2 1 0
2 2 R 7 6 3 1 0
- - - - 5 4 1 0
1 1 R D 4 3 2 0
- - - 7 6 4 2 0
- - - - 5 4 3 0
par 16384 chances.
R 6 5 4 3 2 1 0
```

Par 8 Cartes.

Par 16 chances.

```
6 6 6 6 2 2 2 1
- - - - 1 1 1 4
5 5 5 5 3 3 3 2
4 4 4 4 3 3 3 6
3 3 3 3 6 6 6 1
- - - - 5 5 5 4
- - - - 4 4 4 7
2 2 2 2 6 6 6 5
1 1 1 1 7 7 7 6
par 96 chances.
6 6 6 3 3 3 2 2
- - - 1 1 1 5 5
5 5 5 4 4 4 2 2
4 4 4 3 3 3 5 5
```

Autres
par 96 chances.

```
6 6 6 6 1 1 3 2
5 5 5 5 4 4 2 1
- - - - 3 3 4 1
- - - - 2 2 6 1
- - - - - - 4 3
- - - - 1 1 7 2
- - - - - - 6 3
4 4 4 4 6 6 2 1
- - - - 5 5 3 2
- - - - 3 3 7 2
- - - - 2 2 R 1 0
- - - - - - 6 5
- - - - 1 1 R 3 0
- - - - - - 7 6
3 3 3 3 7 7 4 1
- - - - 6 6 5 2
- - - - 5 5 7 2
- - - - 4 4 R 1 0
- - - - - - 6 5
- - - - 2 2 R 5 0
- - - - 1 1 R 7 0
2 2 2 2 7 7 6 3
- - - - - - 5 4
- - - - 6 6 R 1 0
- - - - - - 7 4
```

Suite par 8 Cartes.

```
2 2 2 2 5 5 R 3 0
- - - - - - 7 6
- - - - 4 4 R 5 0
- - - - 3 3 R 7 0
1 1 1 1 R R 5 2 0
- - - - - 4 3 0
- - - - 7 7 R 3 0
- - - - 6 6 R 5 0
- - - - 5 5 R 7 0
```
par 256 chances.
```
4 4 4 4 7 5 2 1
- - - - 6 5 3 1
3 3 3 3 R 6 2 1 0
- - - - 7 6 5 1
- - - - - 4 2
2 2 2 2 R 7 5 1 0
- - - - 6 4 3 0
1 1 1 1 R D 5 2 0
- - - - - 4 3 0
- - - - - 7 6 4 0
```
Autres
Par 256 chances.
```
7 7 7 2 2 2 3 1
- - - 1 1 1 5 2
- - - - - - 4 3
6 6 6 2 2 2 4 3
- - - 1 1 1 7 3
5 5 5 4 4 4 3 1
- - - 3 3 3 6 1
- - - 2 2 2 7 3
- - - - - - 6 4
- - - 1 1 1 R 3 0
- - - - - - 7 6
4 4 4 2 2 2 R 3 0
- - - - - - 7 6
- - - 1 1 1 R 6 0
3 3 3 2 2 2 R 6 0
```
par 576 chances.
```
7 7 7 3 3 1 1 2
- - - 2 2 1 1 4
6 6 6 4 4 2 2 1
- - - - - 1 1 3
```

Suite par 8 Cartes.

```
6 6 6 3 3 1 1 5
- - - 2 2 1 1 7
5 5 5 6 6 1 1 2
- - - 4 4 3 3 2
- - - - - 1 1 6
- - - 3 3 2 2 6
- - - 2 2 1 1 R 0
4 4 4 7 7 2 2 1
- - - - - 1 1 3
- - - 6 6 3 3 1
- - - - - 2 2 3
- - - - - 1 1 5
- - - 5 5 1 1 7
3 3 3 7 7 2 2 4
- - - - - 1 1 6
- - - 6 6 4 4 2
- - - 5 5 1 1 R 0
- - - 4 4 2 2 R 0
2 2 2 R R 1 1 2 0
- - - 7 7 5 5 1
- - - - - 4 4 3
- - - - - 3 3 5
- - - 6 6 5 5 3
- - - - - 4 4 5
- - - - - 3 3 7
- - - 5 5 4 4 7
1 1 1 R R 3 3 2 0
- - - - - 2 2 4 0
- - - 7 7 6 6 2
- - - - - 5 5 4
- - - - - 4 4 6
- - - - - 2 2 R 0
- - - 6 6 3 3 R 0
- - - 5 5 4 4 R 0
```
par 1536 chances.
```
6 6 6 3 3 4 2 1
- - - 2 2 5 3 1
- - - 1 1 5 4 2
5 5 5 3 3 7 2 1
- - - 2 2 7 4 1
- - - 1 1 7 4 3
4 4 4 5 5 6 2 1
```

Suite par 8 Cartes.

```
4 4 4 3 3 R 2 1 0
- - - - - 7 5 1
- - - - - 6 5 2
- - - 2 2 7 5 3
- - - 1 1 R 5 2 0
3 3 3 7 7 5 2 1
- - - 6 6 7 2 1
- - - - - 5 4 1
- - - 5 5 7 4 1
- - - - - 6 4 2
- - - 4 4 7 6 1
- - - - - - 5 2
- - - 2 2 R 7 1 0
- - - - - 7 6 5
- - - 1 1 R 6 4 0
2 2 2 7 7 6 4 1
- - - 6 6 7 5 1
- - - 5 5 R 4 1 0
- - - 4 4 R 6 1 0
- - - 3 3 R 5 4 0
- - - 1 1 R D 3 0
- - - - - - 7 6 0
1 1 1 7 7 6 5 3
- - - 6 6 R 4 2 0
- - - - - 7 5 4
- - - 5 5 R 6 2 0
- - - 4 4 R 7 3 0
- - - 3 3 R D 2 0
- - - - - - 7 5 0
- - - 2 2 R D 4 0
```
par 3456 chances.
```
7 7 5 5 1 1 3 2
- - 4 4 3 3 2 1
- - - - 1 1 5 2
- - 3 3 2 2 6 1
- - - - 1 1 5 4
- - 2 2 1 1 6 5
6 6 5 5 3 3 2 1
- - - - - 2 2 4 1
- - - - - 1 1 4 3
- - 4 4 1 1 7 2
- - 3 3 2 2 5 4
```
Suite

Suite par 8 Cartes.

```
6 6 3 3 1 1 7 4
- - 2 2 1 1 R 3 0
5 5 4 4 3 3 6 1
- - - - 2 2 6 3
- - 3 3 2 2 R 1 0
- - - - - - 7 4
- - - - 1 1 7 6
4 4 3 3 2 2 - -
- - - - 1 1 R 5 0
- - 2 2 1 1 R 7 0
```

par 4096 chances.

```
5 5 5 6 4 3 2 1
4 4 4 7 6 3 2 1
3 3 3 R 5 4 2 1 0
2 2 2 R 7 4 3 1 0
- - - - 6 5 - - 0
- - - 7 6 5 4 3
1 1 1 R 7 6 3 2 0
- - - - - 5 4 - 0
```

par 9216 chances.

```
7 7 2 2 5 4 3 1
- - 1 1 6 4 3 2
6 6 4 4 5 3 2 1
- - 2 2 7 4 3 1
- - 1 1 7 5 3 2
5 5 4 4 7 3 2 1
- - 2 2 7 6 3 1
- - 1 1 R 4 3 2 0
- - - - 7 6 4 2
4 4 2 2 R 5 3 1 0
- - - - 7 6 5 1
- - 1 1 R 6 3 2 0
- - - - 7 6 5 3
3 3 2 2 R 6 4 1 0
- - 1 1 R 7 4 2 0
- - - - - 6 5 2 0
2 2 1 1 R 7 5 3 0
- - - - - 6 5 4 0
```

par 24576 chances.

```
3 3 7 6 5 4 2 1
```

Par 9 Cartes.

Par 4 chances.

```
6 6 6 6 1 1 1 1 3
5 5 5 5 2 2 2 2 3
- - - - 1 1 1 1 7
4 4 4 4 2 2 2 2 7
```

par 24 chances.

```
6 6 6 6 1 1 1 2 2
5 5 5 5 3 3 3 1 1
- - - - 1 1 1 4 4
4 4 4 4 1 1 1 6 6
3 3 3 3 5 5 5 2 2
2 2 2 2 7 7 7 1 1
- - - - 5 5 5 4 4
- - - - 3 3 3 7 7
- - - - 1 1 1 R R 0
1 1 1 1 7 7 7 3 3
- - - - 5 5 5 6 6
```

par 64 chances.

```
5 5 5 5 2 2 2 4 1
- - - - 1 1 1 6 2
4 4 4 4 3 3 3 5 1
- - - - 2 2 2 6 3
- - - - 1 1 1 R 2 0
- - - - - - - 7 5
3 3 3 3 4 4 4 6 1
- - - - - - - 5 2
- - - - 2 2 2 7 6
- - - - 1 1 1 R 6 0
2 2 2 2 6 6 6 4 1
- - - - 5 5 5 7 1
- - - - 4 4 4 R 1 0
- - - - - - - 6 5
- - - - 3 3 3 R 4 0
- - - - 1 1 1 R D 0
1 1 1 1 7 7 7 4 2
- - - - 6 6 6 7 2
- - - - - - - 5 4
- - - - 5 5 5 R 2 0
- - - - 4 4 4 R 5 0
```

par 144 chances.

```
5 5 5 5 3 3 2 2 1
4 4 4 4 5 5 2 2 1
```

Suite par 9 Cartes.

```
4 4 4 4 5 5 1 1 3
- - - - 3 3 2 2 5
- - - - - - 1 1 7
3 3 3 3 7 7 2 2 1
- - - - 6 6 1 1 5
- - - - 5 5 4 4 1
- - - - - - 1 1 7
- - - - 4 4 2 2 7
2 2 2 2 7 7 4 4 1
- - - - 6 6 5 5 1
- - - - - - 4 4 3
- - - - - - 3 3 5
- - - - 5 5 3 3 7
1 1 1 1 R R 2 2 3 0
- - - - 7 7 5 5 3
- - - - - - 4 4 5
- - - - 6 6 4 4 7
```

par 384 chances.

```
7 7 7 1 1 1 2 2 3
6 6 6 3 3 3 1 1 2
- - - 2 2 2 3 3 1
- - - - - - 1 1 5
- - - 1 1 1 4 4 2
- - - - - - 3 3 4
5 5 5 4 4 4 1 1 2
- - - 2 2 2 3 3 4
- - - 1 1 1 3 3 7
4 4 4 3 3 3 2 2 6
- - - 2 2 2 6 6 1
- - - - - 5 5 3
- - - - - 3 3 7
- - - 1 1 1 7 7 2
- - - - - 5 5 6
- - - - - 3 3 R 0
3 3 3 2 2 2 6 6 4
- - - - - 5 5 6
- - - 1 1 1 7 7 5
- - - - - 6 6 7
2 2 2 1 1 1 6 6 R 0
```

Autres
par 384 chances.

```
5 5 5 5 1 1 4 3 2
```


Suite

Suite par 9 Cartes.	Suite par 9 Cartes.	Suite par 9 Cartes.

Colonne 1 — Suite par 9 Cartes.

```
4 4 4 4 3 3 6 2 1
. . . . 2 2 7 3 1
. . . . 1 1 6 5 2
3 3 3 3 6 6 4 2 1
. . . . 5 5 6 2 1
. . . . 2 2 R 4 1 0
. . . . . . 6 5 4
. . . . 1 1 R 5 2 0
. . . . . . 7 6 4
2 2 2 2 7 7 5 3 1
. . . . 6 6 7 3 1
. . . . 5 5 6 4 3
. . . . 4 4 7 5 3
. . . . 3 3 R 6 1 0
. . . . . . 7 6 4
. . . . 1 1 R 7 4 0
. . . . . . 6 5 0
1 1 1 1 7 7 6 5 2
. . . . . . . 4 3
. . . . 6 6 R 3 2 0
. . . . . . 7 5 3
. . . . 5 5 R 4 3 0
. . . . . . 7 6 4
. . . . 4 4 R 7 2 0
. . . . . . 6 3 0
. . . . 3 3 R 7 4 0
. . . . . . 6 5 0
. . . . 2 2 R D 3 0
. . . . . . 7 6 0
```
par 864 chances.
```
5 5 5 4 4 3 3 1 1
3 3 3 6 6 4 4 1 1
. . . 5 5 4 4 2 2
1 1 1 7 7 5 5 2 2
. . . . . 4 4 3 3
. . . 6 6 5 5 3 3
```
par 1024 chances.
```
3 3 3 3 7 5 4 2 1
2 2 2 2 R 5 4 3 1 0
. . . . 7 6 5 4 1
1 1 1 1 R 7 5 3 2 0
. . . . . 6 5 4 2 0
```

Colonne 2 — Suite par 9 Cartes.

Autres

Par 1024 chances.
```
6 6 6 1 1 1 5 3 2
5 5 5 3 3 3 4 2 1
. . . 2 2 2 6 3 1
. . . 1 1 1 7 4 2
. . . . . . 6 4 3
4 4 4 3 3 3 7 2 1
. . . 2 2 2 7 5 1
. . . 1 1 1 7 6 3
3 3 3 2 2 2 R 5 1 0
. . . . . . . 7 5 4
. . . 1 1 1 R 7 2 0
. . . . . . . 5 4 0
2 2 2 1 1 1 R 7 5 0
```
par 2304 chances.
```
6 6 6 2 2 1 1 4 3
5 5 5 4 4 2 2 3 1
. . . 3 3 1 1 6 2
. . . 2 2 1 1 7 3
. . . . . . . 6 4
4 4 4 6 6 1 1 3 2
. . . 5 5 3 3 2 1
. . . 3 3 1 1 6 5
. . . 2 2 1 1 R 3 0
. . . . . . . 7 6
3 3 3 7 7 1 1 4 2
. . . 6 6 2 2 5 1
. . . 5 5 2 2 7 1
. . . . . 1 1 6 4
. . . 4 4 1 1 R 2 0
. . . . . . . 7 5
. . . 2 2 1 1 R 6 0
2 2 2 7 7 3 3 4 1
. . . . . 1 1 6 3
. . . . . . . 5 4
. . . 6 6 1 1 7 4
. . . 5 5 4 4 6 1
. . . . . 1 1 R 3 0
. . . . . . . 7 6
. . . 4 4 3 3 R 1 0
. . . . . . . 6 5
```

Colonne 3 — Suite par 9 Cartes.

```
2 2 2 4 4 1 1 R 5 0
. . . 3 3 1 1 R 7 0
1 1 1 7 7 3 3 6 2
. . . . . 2 2 6 4
. . . 6 6 5 5 4 2
. . . . 4 4 5 3
. . . . 2 2 7 5
. . . 5 5 4 4 7 3
. . . . . 3 3 R 2 0
. . . . 2 2 R 4 0
. . . 4 4 2 2 R 6 0
```
par 5184 chances.
```
7 7 4 4 2 2 1 1 3
. . 3 3 . . . . 5
6 6 5 5 . . . . 3
. . 4 4 . . . . 5
. . 3 3 . . . . 7
5 5 4 4 . . . . 7
```
par 6144 chances.
```
4 4 4 2 2 6 5 3 1
. . . 1 1 7 5 3 2
3 3 3 4 4 6 5 2 1
. . . 2 2 7 6 4 1
. . . 1 1 7 6 5 2
2 2 2 6 6 5 4 3 1
. . . 5 5 7 4 3 1
. . . 4 4 7 6 3 1
. . . 3 3 7 6 5 1
. . . 1 1 R 6 4 3 0
1 1 1 7 7 5 4 3 2
. . . 6 6 7 4 3 2
. . . 5 5 7 6 3 2
. . . 4 4 R 5 3 2 0
. . . . . 7 6 5 2
. . . 3 3 R 6 4 2 0
. . . . . 7 6 5 4
. . . 2 2 R 7 4 3 0
. . . . . . 6 5 3 0
```
par 13824 chances.
```
6 6 3 3 1 1 5 4 2
5 5 4 4 1 1 6 3 2
. . 3 3 2 2 6 4 1
```
Suite

Suite par 9 Cartes.

```
5 5 3 3 1 1 7 4 2
4 4 3 3 2 2 7 5 1
- - - - 1 1 7 6 2
3 3 2 2 1 1 R 5 4 0
Par 36864 chances.
2 2 1 1 7 6 5 4 3
```

Par 10 Cartes.

Par 16 chances.

```
5 5 5 5 1 1 1 1 4 3
4 4 4 4 3 3 3 3 2 1
- - - - 2 2 2 2 6 1
- - - - 1 1 1 1 6 5
3 3 3 3 2 2 2 2 R 1 0
- - - - - - - - 7 4
- - - - - - - - 6 5
- - - - 1 1 1 1 R 5 0
```

Autres par 16 chances.

```
4 4 4 4 3 3 3 2 2 2
1 1 1 1 7 7 7 2 2 2
- - - - 6 6 6 3 3 3
- - - - 5 5 5 4 4 4
```

par 96 chances.

```
5 5 5 5 2 2 2 1 1 3
- - - - 1 1 1 2 2 4
4 4 4 4 2 2 2 1 1 7
- - - - 1 1 1 5 5 2
- - - - - - - 3 3 6
3 3 3 3 5 5 5 1 1 2
- - - - 4 4 4 1 1 5
- - - - 2 2 2 6 6 1
- - - - - - - 4 4 5
- - - - 1 1 1 7 7 2
- - - - - - - 6 6 4
- - - - - - - 5 5 6
2 2 2 2 6 6 6 1 1 3
- - - - 5 5 5 1 1 6
- - - - 4 4 4 5 5 1
- - - - - - - 3 3 5
```

Suite par 10 Cartes.

```
2 2 2 2 3 3 3 5 5 4
- - - - - - - 4 4 6
- - - - 1 1 1 7 7 6
- - - - - - - 5 5 R 0
1 1 1 1 6 6 6 2 2 5
- - - - 5 5 5 3 3 6
- - - - 4 4 4 6 6 3
- - - - 3 3 3 7 7 4
- - - - - - - 4 4 R 0
```

par 256 chances.

```
6 6 6 2 2 2 1 1 1 4
5 5 5 3 3 3 1 1 1 4
- - - 2 2 2 1 1 1 7
4 4 4 3 3 3 1 1 1 7
- - - 2 2 2 1 1 1 R 0
```

Autres par 256 chances.

```
4 4 4 4 2 2 2 5 3 1
- - - - 1 1 1 7 3 2
3 3 3 3 2 2 2 7 5 1
- - - - 1 1 1 R 4 2 0
- - - - - - - 7 5 4
2 2 2 2 5 5 5 4 3 1
- - - - 4 4 4 7 3 1
- - - - 3 3 3 7 6 1
- - - - 1 1 1 R 7 3 0
- - - - - - - 6 4 0
1 1 1 1 6 6 6 4 3 2
- - - - 5 5 5 7 3 2
- - - - - - 6 4 2
- - - - 4 4 4 R 3 2 0
- - - - - - 7 6 2
- - - - - - - 5 3
- - - - 3 3 3 R 6 2 0
- - - - - - 7 6 5
- - - - 2 2 2 R 7 4 0
- - - - - - - 6 5 0
```

par 576 chances.

```
5 5 5 2 2 2 4 4 1 1
4 4 4 1 1 1 6 6 2 2
- - - - - - 5 5 3 3
3 3 3 2 2 2 7 7 1 1
```

Suite

Suite par 10 Cartes.

2	2	2	1	1	1	7	7	4	4	
-	-	-	-	-	-	6	6	5	5	

Autres
par 576 chances.

4	4	4	4	3	3	1	1	5	2	
4	4	4	4	2	2	1	1	6	3	
3	3	3	3	5	5	2	2	4	1	
-	-	-	-	4	4	2	2	6	1	
-	-	-	-	-	-	1	1	7	2	
-	-	-	-	2	2	1	1	7	6	
2	2	2	2	6	6	3	3	4	1	
-	-	-	-	-	-	1	1	5	4	
-	-	-	-	5	5	3	3	6	1	
-	-	-	-	-	-	1	1	7	4	
-	-	-	-	4	4	1	1	R	3	0
-	-	-	-	-	-	-	-	7	6	
-	-	-	-	3	3	1	1	R	5	0
1	1	1	1	7	7	4	4	3	2	
-	-	-	-	-	-	3	3	5	2	
-	-	-	-	-	-	2	2	6	3	
-	-	-	-	-	-	-	-	5	4	
-	-	-	-	6	6	5	5	3	2	
-	-	-	-	-	-	4	4	5	2	
-	-	-	-	-	-	3	3	7	2	
-	-	-	-	-	-	-	-	5	4	
-	-	-	-	-	-	2	2	7	4	
-	-	-	-	5	5	4	4	7	2	
-	-	-	-	-	-	-	-	6	3	
-	-	-	-	-	-	3	3	7	4	
-	-	-	-	-	-	2	2	R	3	0
-	-	-	-	-	-	-	-	7	6	
-	-	-	-	4	4	3	3	7	6	
-	-	-	-	-	-	2	2	R	5	0
-	-	-	-	3	3	2	2	R	7	0

par 1536 chances.

3	3	3	3	1	1	6	5	4	2	
2	2	2	2	4	4	6	5	3	1	
-	-	-	-	3	3	7	5	4	1	
-	-	-	-	1	1	7	6	5	3	
1	1	1	1	3	3	R	5	4	2	0
-	-	-	-	2	2	R	6	4	3	0

Suite par 10 Cartes.

Autres
par 1536 chances.

5	5	5	1	1	1	4	4	3	2	
-	-	-	-	-	-	2	2	6	3	
4	4	4	3	3	3	2	2	5	1	
-	-	-	-	-	-	1	1	6	2	
-	-	-	2	2	2	3	3	6	1	
-	-	-	-	-	-	1	1	6	5	
-	-	-	1	1	1	2	2	7	5	
3	3	3	2	2	2	4	4	7	1	
-	-	-	-	-	-	1	1	R	4	0
-	-	-	1	1	1	6	6	5	2	
-	-	-	-	-	-	5	5	7	2	
-	-	-	-	-	-	4	4	6	5	
-	-	-	-	-	-	2	2	R	5	0
2	2	2	1	1	1	7	7	5	3	
-	-	-	-	-	-	6	6	7	3	
-	-	-	-	-	-	3	3	R	6	0

par 3456 chances.

5	5	5	3	3	2	2	1	1	4	
4	4	4	5	5	2	2	1	1	3	
-	-	-	3	3	-	-	-	-	7	
3	3	3	5	5	4	4	1	1	2	
2	2	2	6	6	3	3	1	1	5	
-	-	-	5	5	4	4	3	3	1	
-	-	-	-	-	3	3	1	1	7	
1	1	1	7	7	3	3	2	2	4	
-	-	-	6	6	4	4	3	3	2	
-	-	-	5	5	4	4	2	2	6	
-	-	-	4	4	3	3	2	2	R	0

par 4096 chances.

4	4	4	1	1	1	6	5	3	2	
3	3	3	2	2	2	6	5	4	1	
-	-	-	1	1	1	7	6	4	2	
2	2	2	1	1	1	R	5	4	3	0
-	-	-	-	-	-	7	6	5	4	

Autres
par 4096 chances.

1	1	1	1	7	6	5	4	3	2

par 9216 chances.

3	3	3	2	2	1	1	7	5	4
2	2	2	5	5	1	1	6	4	3

Suite

Suite par 10 Cartes.

```
2 2 2 4 4 1 1 7 5 3
- - - 3 3 1 1 7 6 4
1 1 1 6 6 2 2 5 4 3
- - - 5 5 3 3 6 4 2
- - - - - 2 2 7 4 3
- - - 4 4 3 3 7 5 2
- - - - - 2 2 7 6 3
- - - 3 3 2 2 7 6 5
```
par 20736 chances.
```
4 4 3 3 2 2 1 1 6 5
```

Par 11 Cartes.

Par 4 chances.
```
4 4 4 4 3 3 3 3 1 1 1
3 3 3 3 1 1 1 1 5 5 5
```
par 24 chances.
```
5 5 5 5 1 1 1 1 2 2 3
4 4 4 4 2 2 2 2 3 3 1
- - - - - - - - 1 1 5
3 3 3 3 2 2 2 2 5 5 1
- - - - 1 1 1 1 4 4 7
2 2 2 2 1 1 1 1 7 7 5
- - - - - - - - 6 6 7
```
par 64 chances.
```
4 4 4 4 1 1 1 1 6 3 2
3 3 3 3 2 2 2 2 6 4 1
- - - - 1 1 1 1 7 6 2
- - - - - - - - 6 5 4
2 2 2 2 1 1 1 1 R 6 3 0
- - - - - - - - - 5 4 0
```

Autres
par 64 chances.
```
4 4 4 4 2 2 2 1 1 1 5
3 3 3 3 4 4 4 2 2 2 1
- - - - 2 2 2 1 1 1 R 0
1 1 1 1 6 6 6 2 2 2 3
- - - - 5 5 5 2 2 2 6
- - - - 4 4 4 3 3 3 6
```
par 144 chances.
```
4 4 4 4 3 3 3 2 2 1 1
```

Suite par 10 Cartes.

```
3 3 3 3 1 1 1 6 6 2 2
2 2 2 2 5 5 5 3 3 1 1
- - - - 3 3 3 6 6 1 1
- - - - 1 1 1 7 7 3 3
- - - - - - - 6 6 4 4
1 1 1 1 5 5 5 4 4 2 2
- - - - 3 3 3 7 7 2 2
- - - - - - - 5 5 4 4
```
par 384 chances.
```
4 4 4 4 1 1 1 2 2 5 3
3 3 3 3 2 2 2 1 1 7 4
- - - - - - - - - 6 5
- - - - 1 1 1 5 5 4 2
- - - - - - - - 4 6 2
- - - - - - - 2 2 7 5
2 2 2 2 4 4 4 1 1 6 3
- - - - 3 3 3 4 4 5 1
- - - - - - - 1 1 7 5
- - - - 1 1 1 6 6 5 3
- - - - - - - 5 5 7 3
- - - - - - - - - 6 4
- - - - - - - 4 4 7 5
- - - - - - 3 3 R 4 0
1 1 1 1 5 5 5 3 3 4 2
- - - - 4 4 4 5 5 3 2
- - - - - - - 3 3 7 2
- - - - - - - 2 2 6 5
- - - - 3 3 3 6 6 4 2
- - - - - - - 5 5 6 2
- - - - - - - 2 2 R 4 0
- - - - 2 2 2 7 7 4 3
- - - - - - 6 6 5 4
- - - - - - 5 5 7 4
- - - - - - 4 4 R 3 0
- - - - - - - - 7 6
- - - - - - 3 3 R 5 0
```

Autres
par 384 chances.
```
5 5 5 3 3 3 1 1 1 2 2
4 4 4 2 2 2 1 1 1 5 5
```
par 864 chances.
```
3 3 3 3 4 4 2 2 1 1 5
```
Suite

Suite par 11 Cartes.

```
2 2 2 2 5 5 4 4 1 1 3
- - - - 4 4 3 3 1 1 7
1 1 1 1 6 6 4 4 2 2 3
- - - - - - 3 3 2 2 5
- - - - 5 5 3 3 2 2 7
```
par 1024 chances.
```
5 5 5 2 2 2 1 1 1 4 3
4 4 4 3 3 3 1 1 1 5 2
- - - 2 2 2 1 1 1 7 3
3 3 3 2 2 2 1 1 1 7 6
```
Autres
par 1024 chances.
```
2 2 2 2 1 1 1 7 6 4 3
1 1 1 1 3 3 3 7 5 4 2
- - - - 2 2 2 7 6 5 3
```
par 2304 chances.
```
1 1 1 1 4 4 2 2 7 5 3
- - - - 3 3 2 2 7 6 4
```
Autres
par 2304 chances.
```
4 4 4 2 2 2 3 3 1 1 5
- - - 1 1 1 - - 2 2 6
3 3 3 2 2 2 5 5 1 1 4
- - - - - - 4 4 - - 6
- - - 1 1 1 4 4 2 2 7
2 2 2 1 1 1 6 6 3 3 4
- - - - - - 5 5 3 3 6
```
par 5184 chances.
```
1 1 1 5 5 4 4 3 3 2 2
```
par 6144 chances.
```
3 3 3 1 1 1 2 2 6 5 4
2 2 2 1 1 1 4 4 6 5 3
- - - - - - 3 3 7 5 4
```

Par 12 Cartes.

Par 16 chances.
```
4 4 4 4 1 1 1 1 3 3 3 2
- - - - - - - - 2 2 2 5
2 2 2 2 1 1 1 1 5 5 5 4
- - - - - - - - 4 4 4 7
- - - - - - - - 3 3 3 R o
```

Suite par 12 Cartes.

par 96 chances.
```
3 3 3 3 2 2 2 1 1 1 5 4
- - - - 1 1 1 1 2 2 7 4
- - - - - - - - - - 6 5
2 2 2 2 1 1 1 1 6 6 4 3
- - - - - - - - 5 5 6 3
- - - - - - - - 4 4 6 5
- - - - - - - - 3 3 7 6
```
Autres
par 96 chances.
```
4 4 4 4 2 2 2 1 1 1 3 3
3 3 3 3 2 2 2 1 1 1 5 5
- - - - 4 4 4 1 1 1 2 2
2 2 2 2 4 4 4 3 3 3 1 1
1 1 1 1 5 5 5 2 2 2 2 3 3
- - - - 3 3 3 2 2 2 6 6
```
par 256 chances.
```
2 2 2 2 1 1 1 7 5 4 3
```
Autres
par 256 chances.
```
3 3 3 3 2 2 2 1 1 1 6 4
2 2 2 2 3 3 3 - - - 7 4
- - - - - - - - - - 6 5
1 1 1 1 4 4 4 2 2 2 6 3
- - - - 3 3 3 - - - 7 5
```
par 576 chances.
```
2 2 2 2 1 1 1 4 4 3 3 6
1 1 1 1 3 3 3 4 4 2 2 6
- - - - 2 2 2 5 5 4 4 3
- - - - - - - 4 4 3 3 7
```
par 1536 chances.
```
3 3 3 2 2 2 1 1 1 4 4 5
```
Autres
par 1536 chances.
```
1 1 1 1 2 2 2 3 3 6 5 4
```

Par 13 Cartes.

Par 4 chances.
```
4 4 4 4 2 2 2 2 1 1 1 1 3
3 3 3 3 - - - - - - - - 7
```
Suite

Suite par 13 Cartes.	Suite par 13 Cartes.
Par 24 chances.	Autre Par 64 chances.
3 3 3 3 2 2 2 2 1 1 1 1 4 4	1 1 1 1 4 4 4 3 3 3 2 2 2
2 2 2 2 1 1 1 1 3 3 3 5 5	Par 144 chances.
Par 64 chances.	2 2 2 2 1 1 1 1 4 4 3 3 5
3 3 3 3 1 1 1 1 2 2 2 5 4	
2 2 2 2 - - - - 3 3 3 6 4	

RECAPITULATION DES MANIERES POUR XXXI.

	Manieres	Par quelle quantité de Cartes.	Totaux des Manieres.
6 Modes par 19 chances font . . . 96.			
12 . . . . par 96 . . . . 1152.		. . . IV . . .	. . . . 3040.
7 . . . . par 256 . . . . 1792.			
2 . . . . par 4 . . . . 8.			
1 . . . . par 24 . . . . 24.			
7 . . . . par 64 . . . . 448.			
13 . . . . par 144 . . . . 1872.		. . . V . . .	. . . 34992.
45 . . . . par 384 . . . . 17280.			
15 . . . . par 1024 . . . . 15360.			
10 . . . . par 16 . . . . 160.			
22 . . . . par 96 . . . . 2112.			
27 . . . . par 256 . . . . 6912.			
56 . . . . par 576 . . . . 32256.		. . . VI . . .	. . . 181216.
59 . . . . par 1536 . . . . 90624.			
12 . . . . par 4096 . . . . 49152.			
2 . . . . par 4 . . . . 8.			
15 . . . . par 24 . . . . 360.			
39 . . . . par 64 . . . . 2496.			
12 . . . . par 144 . . . . 1728.			
58 . . . . par 384 . . . . 22272.			
16 . . . . par 864 . . . . 13824.		. . . VII . . .	. . . 464880.
43 . . . . par 1024 . . . . 44032.			
77 . . . . par 2304 . . . . 177408.			
25 . . . . par 6144 . . . . 153600.			
3 . . . . par 16384 . . . . 49152.			

684128

	Manieres	Par quelle quantité de Cartes.	Totaux des Manieres.
9 Modes par 16 chances font . .	144.		
66 . . . . par 96	6336.	del' autre part	. . . 684126.
45 . . . . par 256	11520.		
56 . . . . par 576	32256.		
67 . . . . par 1536	102912.	} . . VIII . . .	. . . 665040.
29 . . . . par 3456	100224.		
18 . . . . par 4096	73728.		
34 . . . . par 9216	313344.		
1 . . . . par 24576 . , ...	24576.		
4 . . . . par 4	16.		
13 . . . . par 24	312.		
35 . . . . par 64	2240.		
21 . . . . par 144	3024.		
81 . . . . par 384	31104.		
6 . . . . par 864	5184.	} . . IX . . .	. . . 576536.
32 . . . . par 1024	32768.		
57 . . . . par 2304	131328.		
6 . . . . par 5184	31104.		
29 . . . . par 6144	178176.		
9 . . . . par 13824	124416.		
1 . . . . par 36864	36864.		
16 . . . . par 16	256.		
29 . . . . par 96	2784.		
41 . . . . par 256	10496.		
46 . . . . par 576	26496.		
32 . . . . par 1536	49152.	} . . X . . .	. . . 279776.
13 . . . . par 3456	44928.		
8 . . . . par 4096	32768.		
10 . . . . par 9216	92160.		
1 . . . . par 20736	20736.		
2 . . . . par 4	8.		
7 . . . . par 24	168.		
18 . . . . par 64	1152.		
9 . . . . par 144	1296.		
37 . . . . par 384	14208.		
6 . . . . par 864	5184.		
	22016		2205480.

	Manieres	Par quelle quantité de Cartes.	Totaux des Manieres.
del'autre part	22016.	. . . .	. . 2205480.
7 Modes par 1024 chances font . . 7168.			
9 . . . . par 2304 . . . . 20736.		. . XI . .	. . . 73536.
1 . . . . par 5184 . . . . 5184.			
3 . . . . par 6144 . . . . 18432.			
7 . . . . par 16 . . . . 112.			
13 . . . . par 96 . . . . 1248.			
6 . . . . par 256 . . . . 1536.		. . XII . .	. . . . 8272.
4 . . . . par 576 . . . . 2304.			
2 . . . . par 1536 . . . . 3072.			
2 . . . . par 4 . . . . 8.			
2 . . . . par 24 . . . . 48.			
3 . . . . par 64 . . . . 192.		. . XIII . .	. . . . . 392.
1 . . . . . par 144 . . . . 144.			

Total des Manieres pour XXXI. . . 2287680.

ARTICLE SECOND.

Description des Modes du Nombre XXXII.

Par 4 Cartes.	Suite par 4 Cartes.	Suite par 5 Cartes.
Modes	par 256 chances.	4 4 4 R R o
Par 16 chances.	R D V 2	* R R R 1 1 o
R R R 2 o	- - 7 5 o	par 64 chances.
par 36 chances.		7 7 7 6 5
R R 6 6 o	Par 5 Cartes.	* - - - R 1 o
par 96 chances.		6 6 6 R 4 o
R R D 2 o	Par 4 chances.	5 5 5 R 7 o
- - V - o	7 7 7 7 4	4 4 4 R D o
- - 7 5 o	par 24 chances.	par 144 chances.
6 6 R D o	6 6 6 7 7	R R 5 5 2 o

Suite par 5 Cartes.

```
    R R 3 3 6   o
*   - - 1 1 D   o
*   - - - - V   o
    7 7 4 4 R   o
    6 6 5 5 R   o
    par 384 chances.
    R R 7 3 2   o
*   - - - 4 1   o
*   - - 6 5 1   o
    - - - 4 2   o
    - - 5 4 3   o
    7 7 R 6 2   o
    - - - 5 3   o
    6 6 R 7 3   o
    5 5 R D 2   o
    3 3 R D 6   o
*   1 1 R D V
    par 1024 chances.
*   R D 7 4 1   o
    - - - 3 2   o
*   - - 6 5 1   o
    - - - 4 2   o
    - - 5 4 3   o
    R 7 6 5 4   o
```

Par 6 Cartes.

Par 6 chances.

```
    7 7 7 7 2 2
    6 6 6 6 4 4
    5 5 5 5 6 6
    3 3 3 3 R R   o
    par 16 chances.
**  7 7 7 7 3 1
**  6 6 6 6 7 1
    - - - - 5 3
    5 5 5 5 R 2   o
    4 4 4 4 R 6   o
    3 3 3 3 R D   o
    par 96 chances.
*   7 7 7 5 5 1
```

Suite par 6 Cartes.

```
    7 7 7 4 4 3
    - - - 3 3 5
    6 6 6 5 5 4
    - - - 2 2 R   o
    5 5 5 7 7 3
    4 4 4 7 7 6
    - - - 5 5 R   o
    2 2 2 R R 6   o
    par 216 chances.
*   R R 5 5 1 1   o
    - - 4 4 2 2   o
    7 7 6 6 3 3
    - - 5 5 4 4
    par 256 chances.
*   7 7 7 6 4 1
    - - - - 3 2
    - - - 5 4 2
*   6 6 6 R 3 1   o
    - - - 7 5 2
    - - - 4 3
*   5 5 5 R 6 1   o
    - - - - 4 3   o
    - - - 7 6 4
    4 4 4 R 7 3   o
    3 3 3 R R 7 6 o
    2 2 2 R D 6   o
    par 576 chances.
*   R R 4 4 3 1   o
*   - - 3 3 5 1   o
    - - - - 4 2   o
*   - - 2 2 7 1   o
    - - - - 5 3   o
*   - - 1 1 7 3   o
*   - - - - 6 4   o
*   7 7 6 6 5 1
    - - - - 4 2
    - - 5 5 6 2
    - - 3 3 R 2   o
    - - 2 2 R 4   o
*   - - 1 1 R 6   o
    6 6 5 5 7 3
    - - 4 4 R 2   o
```

Suite par 6 Cartes.

```
    6 6 4 4 7 5
    - - 3 3 R 4   o
    5 5 3 3 R 6   o
*   - - 1 1 R D   o
    4 4 2 2 R D   o
    par 1536 chances.
*   R R 6 3 2 1   o
*   - - 5 4 2 1   o
    7 7 6 5 4 3
*   - - R 5 2 1   o
*   - - - 4 3 1   o
*   6 6 R 5 4 1   o
    - - - - 3 2   o
*   5 5 R 7 4 1   o
    - - - - 3 2   o
    - - - 6 4 2   o
*   4 4 R D 3 1   o
*   - - - 7 6 1   o
    - - - - 5 2   o
    - - - 6 5 3   o
*   3 3 R D 5 1   o
    - - - - 4 2   o
    - - - 7 5 4   o
*   2 2 R D 7 1   o
    - - - - 5 3   o
    - - - 7 6 5   o
*   1 1 R D 7 3   o
*   - - - - 6 4   o
    par 4096 chances.
*   R D 6 3 2 1   o
*   - - 5 4 - -   o
*   R 7 6 5 3 1   o
    - - - 4 3 2   o
```

Par 7 Cartes.

Par 4 chances.

```
    5 5 5 5 4 4 4
    par 14 chances.
*   7 7 7 7 1 1 2
    6 6 6 6 3 3 2
```

Suite

Suite par 7 Cartes.

```
  6 6 6 6 2 2 4
  5 5 5 5 3 3 6
* - - - - 1 1 R   0
  4 4 4 4 7 7 2
  - - - - 5 5 6
  - - - - 3 3 R   0
  3 3 3 3 7 7 6
  - - - - 5 5 R   0
  2 2 2 2 R R 4   0
  - - - - 7 7 R   0
      par 64 chances.
* 6 6 6 6 5 2 1
* - - - - 4 3 1
* 5 5 5 5 7 4 1
  - - - - - 3 2
  - - - - 6 4 2
* 4 4 4 4 R 5 1   0
  - - - - 7 6 3
  3 3 3 3 R 6 4   0
  2 2 2 2 R D 4   0
        Autres
      par 64 chances.
  7 7 7 3 3 3 2
  - - - 2 2 2 5
  6 6 6 4 4 4 2
  - - - 3 3 3 5
      par 144 chances.
  6 6 6 5 5 2 2
  - - - 4 4 3 3
  4 4 4 7 7 3 3
  2 2 2 R R 3 3   0
      par 384 chances.
* 7 7 7 4 4 2 1
* - - - 3 3 4 1
* - - - 2 2 6 1
  - - - - - 4 3
* - - - 1 1 6 3
* - - - - - 5 4
* 6 6 6 5 5 3 1
* - - - 4 4 5 1
* - - - 3 3 7 1
  - - - 2 2 7 3
```

Suite par 7 Cartes.

```
* 6 6 6 1 1 R 2   0
* - - - - - 7 5
* 5 5 5 7 7 2 1
* - - - 6 6 4 1
  - - - - - 3 2
  - - - 4 4 7 2
  - - - - - 6 3
* - - - 3 3 R 1   0
  - - - - - 7 4
  - - - 2 2 R 3   0
  - - - - - 7 6
* 4 4 4 7 7 5 1
* - - - 6 6 7 1
  - - - - - 5 3
  - - - 5 5 7 3
  - - - 2 2 R 6   0
* 3 3 3 R R 2 1   0
  - - - 7 7 5 4
* - - - 6 6 R 1   0
  - - - - - 7 4
  - - - 5 5 7 6
  - - - 4 4 R 5   0
* 2 2 2 R R 5 1   0
  - - - 6 6 R 4   0
  - - - 5 5 R 6   0
  - - - 3 3 R D   0
* 1 1 1 R R 7 2   0
* - - - - - 6 3   0
* - - - - - 5 4   0
* - - - 7 7 R 5   0
* - - - 6 6 R 7   0
      par 864 chances.
* R R 4 4 1 1 2   0
* - - 3 3 1 1 4   0
* - - 2 2 1 1 6   0
* 7 7 6 6 1 1 4
  - - 5 5 3 3 2
  - - - - 2 2 4
* - - - - 1 1 6
  - - 4 4 2 2 6
  - - 3 3 1 1 R   0
  6 6 5 5 4 4 2
```

Suite par 7 Cartes.

```
  6 6 5 5 3 3 4
* - - 4 4 1 1 R   0
  - - 3 3 2 2 R   0
  5 5 4 4 2 2 R   0
      par 1024 chances.
* 7 7 7 5 3 2 1
* 6 6 6 7 4 2 1
  - - - 5 4 3 2
* 5 5 5 R 4 2 1   0
* - - - 7 6 3 1
* 4 4 4 R 7 2 1   0
* - - - - 6 3 -   0
* - - - - 5 3 2   0
  - - - 7 6 5 2
* 3 3 3 R D 2 1   0
* - - - - 7 5 1   0
  - - - - - 4 2   0
  - - - - 6 5 2   0
* 2 2 2 R D 5 1   0
  - - - - 7 6 3   0
  - - - - - 5 4   0
* 1 1 1 R D 7 2   0
* - - - - - 6 3   0
* - - - - - 5 4   0
      par 2304 chances.
* R R 2 2 4 3 1   0
* - - 1 1 5 3 2   0
* 7 7 6 6 3 2 1
* - - 5 5 4 3 1
* - - 4 4 6 3 1
  - - - - 5 3 2
* - - 3 3 6 5 1
  - - - - - 4 2
* - - 2 2 R 3 1   0
  - - - - 6 5 3
* - - 1 1 R 4 2   0
* 6 6 5 5 7 2 1
  - - 4 4 7 3 2
  - - 3 3 7 5 2
* - - 2 2 R 5 1   0
  - - - - 7 5 4
* - - 1 1 R 5 3   0
```

Suite

Suite par 7 Cartes.

```
*  5  5  4  4  R  3  1     o
*  .  .  .  .  .  7  6  1
   .  .  3  3  R  4  2     o
*  .  .  2  2  R  7  1     o
*  .  .  1  1  R  7  3     o
*  .  .  .  .  .  6  4     o
*  4  4  3  3  R  7  1     o
   .  .  .  .  .  6  2     o
   .  .  2  2  R  7  3     o
*  .  .  1  1  R  D  2     o
*  .  .  .  .  .  7  5     o
   3  3  2  2  R  7  5     o
*  .  .  1  1  R  D  4     o
*  2  2  1  1  R  D  6     o
```

par 6144 chances.

```
*  7  7  6  5  4  2  1
*  6  6  7  5  4  3  1
*  5  5  R  6  3  2  1  o
   .  .  7  6  4  3  2
*  4  4  R  6  5  2  1  o
*  3  3  R  7  6  2  1  o
   .  .  .  6  5  4  1  o
*  2  2  R  D  4  3  1  o
*  .  .  .  7  6  4  1  o
   .  .  .  6  5  4  3  o
*  1  1  R  D  5  3  2  o
*  .  .  .  7  6  5  2  o
*  .  .  .  .  .  4  3  o
```

par 16384 chances.

```
*  R  7  5  4  3  2  1  o
```

Par 8 Cartes.

Par 1 chance.

```
*  7  7  7  7  1  1  1  1
   6  6  6  6  2  2  2  2
   5  5  5  5  3  3  3  3
```

par 16 chances.

```
*  6  6  6  6  1  1  1  5
   5  5  5  5  2  2  2  6
*  4  4  4  4  5  5  5  1
```

Suite par 8 Cartes.

```
   4  4  4  4  3  3  3  7
   .  .  .  .  2  2  2  R  o
   3  3  3  3  6  6  6  2
   2  2  2  2  7  7  7  3
*  1  1  1  1  6  6  6  R  o
```

par 36 chances.

```
*  6  6  6  6  3  3  1  1
   5  5  5  5  4  4  2  2
*  4  4  4  4  7  7  1  1
   .  .  .  .  6  6  2  2
   .  .  .  .  5  5  3  3
   3  3  3  3  6  6  4  4
   2  2  2  2  7  7  5  5
*  1  1  1  1  R  R  4  4  o
```

par 96 chances.

```
*  7  7  7  3  3  3  1  1
*  .  .  .  1  1  1  4  4
*  6  6  6  4  4  4  1  1
   .  .  .  2  2  2  4  4
   5  5  5  3  3  3  4  4
*  .  .  .  1  1  1  7  7
   4  4  4  2  2  2  7  7
*  3  3  3  1  1  1  R  R  o
```

Autres
par 96 chances.

```
*  6  6  6  6  2  2  3  1
*  .  .  .  .  1  1  4  2
*  5  5  5  5  4  4  3  1
   .  .  .  .  3  3  4  2
*  .  .  .  .  2  2  7  1
*  .  .  .  .  1  1  7  3
*  .  .  .  .  .  .  6  4
*  4  4  4  4  6  6  3  1
   .  .  .  .  2  2  7  5
*  3  3  3  3  7  7  5  1
   .  .  .  .  .  .  4  2
*  .  .  .  .  6  6  7  1
   .  .  .  .  5  5  6  4
   .  .  .  .  .  4  4  R  2  o
   .  .  .  .  .  .  7  5
   .  .  .  .  2  2  R  6  o
*  2  2  2  2  R  R  3  1  o
```

Suite par 8 Cartes.

```
   2  2  2  2  7  7  6  4
   .  .  .  .  6  6  7  5
   .  .  .  .  5  5  R  4  o
   .  .  .  .  4  4  R  6  o
*  1  1  1  1  R  R  6  2  o
*  .  .  .  .  .  .  5  3  o
*  .  .  .  .  7  7  R  4  o
*  .  .  .  .  4  4  R  D  o
```

par 256 chances.

```
*  5  5  5  5  6  3  2  1
*  4  4  4  4  R  3  2  1  o
*  .  .  .  .  7  6  2  1
*  .  .  .  .  .  5  3  1
   .  .  .  .  6  5  3  2
*  3  3  3  3  R  7  2  1  o
*  .  .  .  .  .  5  4  1  o
   .  .  .  .  7  6  5  2
*  2  2  2  2  R  D  3  1  o
*  .  .  .  .  .  7  6  1  o
   .  .  .  .  .  .  4  3  o
   .  .  .  .  .  6  5  3  o
*  1  1  1  1  R  D  6  2  o
*  .  .  .  .  .  .  5  3  o
*  .  .  .  .  .  7  6  5  o
```

Autres
par 256 chances.

```
*  7  7  7  2  2  2  4  1
*  .  .  .  1  1  1  6  2
*  .  .  .  .  .  .  5  3
*  6  6  6  3  3  3  4  1
*  .  .  .  2  2  2  7  1
   .  .  .  .  .  .  5  3
*  .  .  .  1  1  1  7  4
   5  5  5  4  4  4  3  2
*  .  .  .  3  3  3  7  1
   .  .  .  .  .  .  6  2
*  .  .  .  2  2  2  R  1  o
   .  .  .  .  .  .  7  4
*  .  .  .  1  1  1  R  4  o
*  4  4  4  3  3  3  R  1  o
   .  .  .  .  .  .  6  5
*  .  .  .  1  1  1  R  7  o
```

Suite

Suite par 8 Cartes.

★	1	2	3	4	5	6	7	8	0
	3	3	3	2	2	2	R	7	0
*	.	.	.	1	1	1	R	D	0
par 576 chances.									
*	7	7	7	3	3	2	2	1	
*	.	.	.	2	2	1	1	5	
	6	6	6	3	3	2	2	4	
*	5	5	5	6	6	2	2	1	
*	.	.	.	.	.	1	1	3	
*	.	.	.	4	4	1	1	7	
	.	.	.	3	3	2	2	7	
	4	4	4	6	6	3	3	2	
	.	.	.	5	5	2	2	6	
	.	.	.	3	3	2	2	R	0
*	3	3	3	7	7	4	4	1	
	.	.	.	.	.	2	2	5	
*	.	.	.	6	6	5	5	1	
	.	.	.	.	.	2	2	7	
*	2	2	2	R	R	1	1	4	0
	.	.	.	7	7	3	3	6	
*	.	.	.	.	.	1	1	R	0
	.	.	.	6	6	5	5	4	
	.	.	.	5	5	3	3	R	0
*	1	1	1	R	R	2	2	5	0
*	.	.	.	7	7	6	6	3	
*	.	.	.	6	6	5	5	7	
par 1296 chances.									
*	R	R	3	3	2	2	1	1	0
*	7	7	6	6	.	.	.	.	
*	.	.	5	5	3	3	1	1	
	.	.	4	4	3	3	2	2	
*	6	6	5	5	4	4	1	1	
	.	.	.	.	3	3	2	2	
par 1536 chances.									
*	7	7	7	1	1	4	3	2	
*	6	6	6	2	2	5	4	1	
*	.	.	.	1	1	7	3	2	
*	.	.	.	.	.	5	4	3	
*	5	5	5	4	4	6	2	1	
*	.	.	.	3	3	6	4	1	
	.	.	.	2	2	6	4	3	
*	.	.	.	1	1	R	3	2	0
*	.	.	.	.	.	7	6	2	

Suite par 8 Cartes.

★	1	2	3	4	5	6	7	8	0
*	4	4	4	7	7	3	2	1	
*	.	.	.	6	6	5	2	1	
*	.	.	.	5	5	7	2	1	
*	.	.	.	.	.	6	3	1	
*	.	.	.	3	3	7	6	1	
	.	.	.	.	.	.	5	2	
*	.	.	.	2	2	R	5	1	0
	.	.	.	.	.	7	6	3	
*	.	.	.	1	1	R	6	2	0
*	.	.	.	.	.	.	5	3	0
*	.	.	.	.	.	7	6	5	
*	3	3	3	7	7	6	2	1	
	.	.	.	6	6	5	4	2	
*	.	.	.	5	5	R	2	1	0
	.	.	.	.	.	7	4	2	
	.	.	.	4	4	7	6	2	
	.	.	.	2	2	R	5	4	0
*	.	.	.	1	1	R	7	4	0
*	.	.	.	.	.	.	6	5	0
*	2	2	2	7	7	6	5	1	
	.	.	.	.	.	5	4	3	
*	.	.	.	6	6	R	3	1	0
	2	2	2	6	6	7	4	3	
	.	.	.	5	5	7	6	3	
*	.	.	.	4	4	R	7	1	0
	.	.	.	.	.	.	5	3	0
	.	.	.	.	.	7	6	5	
	.	.	.	3	3	R	6	4	0
*	.	.	.	1	1	R	D	4	0
*	1	1	1	R	R	4	3	2	0
*	.	.	.	7	7	R	3	2	0
*	.	.	.	.	.	6	5	4	
*	.	.	.	6	6	R	5	2	0
*	.	.	.	.	.	.	4	3	0
*	.	.	.	5	5	R	7	2	0
*	.	.	.	.	.	.	6	3	0
*	.	.	.	4	4	R	6	5	0
*	.	.	.	3	3	R	7	6	0
*	.	.	.	2	2	R	D	5	0
par 3456 chances.									
*	7	7	5	5	2	2	3	1	
*	.	.	4	4	2	2	5	1	

Suite par 8 Cartes.

★	1	2	3	4	5	6	7	8	0
*	7	7	4	4	1	1	6	2	
*	.	.	.	.	.	.	5	3	
*	.	.	3	3	1	1	6	4	
*	6	6	4	4	3	3	5	1	
*	.	.	.	.	2	2	7	1	
	.	.	.	.	.	.	5	3	
*	.	.	.	.	1	1	7	3	
*	.	.	3	3	1	1	R	2	0
*	.	.	.	.	.	.	7	5	
*	.	.	2	2	1	1	R	4	0
*	5	5	4	4	3	3	7	1	
	.	.	.	.	.	.	6	2	
	.	.	.	.	2	2	7	3	
*	.	.	.	.	1	1	R	2	0
*	.	.	3	3	1	1	R	4	0
*	.	.	2	2	1	1	R	6	0
*	4	4	3	3	1	1	R	6	0
*	3	3	2	2	1	1	R	R	0
par 4096 chances.									
*	5	5	5	7	4	3	2	1	
*	3	3	3	R	6	4	2	1	0
*	.	.	.	7	6	5	4	1	
*	2	2	2	R	7	5	3	1	0
*	.	.	.	.	6	5	4	1	0
*	1	1	1	R	D	4	3	2	0
*	.	.	.	.	7	6	4	2	0
*	.	.	.	.	.	5	4	3	0
par 9216 chances.									
*	7	7	3	3	5	4	2	2	
*	.	.	2	2	6	4	3	1	
*	.	.	1	1	6	5	3	2	
*	6	6	5	5	4	3	2	1	
*	.	.	3	3	7	4	2	1	
*	.	.	2	2	7	5	3	1	
*	.	.	1	1	7	5	4	2	
*	5	5	3	3	7	6	2	1	
*	.	.	2	2	R	4	3	1	0
*	.	.	.	.	7	6	4	1	
*	.	.	1	1	7	6	4	3	
*	4	4	3	3	R	5	2	1	0
*	.	.	2	2	R	6	3	1	0
*	.	.	1	1	R	7	3	2	0

Suite

Suite par 8 Cartes.

```
*  3  3  2  2  R  7  4  1     o
*  -  -  -  -  -  6  5  1     o
*  -  -  -  -  7  6  5  4
*  -  -  1  1  R  7  5  2     o
*  2  2  1  1  R  7  6  3     o
*  -  -  -  -  -  -  5  4     o
            par 24576 chances.
*  4  4  7  6  5  3  2  1
*  1  1  R  6  5  4  3  2     o
```

Par 9 Cartes.

```
              Par 4 chances.
*  6  6  6  6  1  1  1  1  4
   5  5  5  5  2  2  2  2  4
              par 24 chances.
*  6  6  6  6  2  2  2  1  1
   5  5  5  5  2  2  2  3  3
   4  4  4  4  2  2  2  5  5
*  3  3  3  3  6  6  6  1  1
   -  -  -  -  2  2  2  7  7
   2  2  2  2  6  6  6  3  3
   -  -  -  -  4  4  4  6  6
*  1  1  1  1  6  6  6  5  5
              par 64 chances.
*  6  6  6  6  1  1  1  3  2
*  5  5  5  5  3  3  3  2  1
*  -  -  -  -  1  1  1  7  2
*  -  -  -  -  -  -  -  6  3
*  4  4  4  4  3  3  3  6  1
   -  -  -  -  -  -  -  5  2
   -  -  -  -  2  2  2  7  3
*  -  -  -  -  1  1  1  R  3     o
*  -  -  -  -  -  -  -  7  6
*  3  3  3  3  5  5  5  4  1
*  -  -  -  -  4  4  4  7  1
   -  -  -  -  -  -  -  6  2
   -  -  -  -  2  2  2  R  4     o
*  -  -  -  -  1  1  1  R  7     o
*  2  2  2  2  6  6  6  5  1
   -  -  -  -  5  5  5  6  3
```

Suite par 9 Cartes.

```
   2  2  2  2  4  4  4  7  5
   -  -  -  -  3  3  3  R  5     o
*  1  1  1  1  7  7  7  5  2
*  -  -  -  -  -  -  -  4  3
*  -  -  -  -  6  6  6  7  3
*  -  -  -  -  5  5  5  R  3     o
*  -  -  -  -  -  -  -  7  6
*  -  -  -  -  4  4  4  R  6     o
              par 144 chances.
*  5  5  5  5  3  3  1  1  4
*  -  -  -  -  2  2  1  1  6
*  4  4  4  4  6  6  1  1  2
   -  -  -  -  3  3  2  2  6
*  -  -  -  -  2  2  1  1  R     o
*  3  3  3  3  7  7  1  1  4
   -  -  -  -  6  6  2  2  4
   -  -  -  -  5  5  4  4  2
   -  -  -  -  -  -  2  2  6
*  -  -  -  -  4  4  1  1  R     o
   2  2  2  2  7  7  3  3  4
*  -  -  -  -  6  6  1  1  R     o
   -  -  -  -  5  5  4  4  6
   -  -  -  -  4  4  3  3  R     o
*  1  1  1  1  R  R  3  3  2     o o
*  -  -  -  -  -  -  2  2  4     o
*  -  -  -  -  7  7  6  6  2
*  -  -  -  -  -  -  5  5  4
*  -  -  -  -  -  -  4  4  6
*  -  -  -  -  -  -  2  2  R     o
*  -  -  -  -  6  6  3  3  R     o o
*  -  -  -  -  5  5  4  4  R     o
              par 384 chances.
*  7  7  7  2  2  2  1  1  3
*  -  -  -  1  1  1  3  3  2
*  -  -  -  -  -  -  2  2  4
*  6  6  6  3  3  3  2  2  1
*  -  -  -  1  1  1  4  4  3
*  -  -  -  -  -  -  3  3  5
*  -  -  -  -  -  -  2  2  7
*  5  5  5  4  4  4  2  2  1
*  -  -  -  -  -  -  1  1  3
   -  -  -  3  3  3  2  2  4
```

Suite

Suite par 9 Cartes.

*	5	5	5	3	3	3	1	1	6	
	—	—	—	2	2	2	4	4	3	
*	—	—	—	1	1	1	6	6	2	
*	—	—	—	—	—	—	4	4	6	
*	—	—	—	—	—	—	2	2	R	o
*	4	4	4	3	3	3	5	5	1	
	—	—	—	—	—	—	2	2	7	
*	—	—	—	1	1	1	7	7	3	
*	—	—	—	—	—	—	6	6	5	
*	—	—	—	—	—	—	5	5	7	
	3	3	3	2	2	2	6	6	5	
	—	—	—	—	—	—	5	5	7	
*	—	—	—	1	1	1	7	7	6	
*	—	—	—	—	—	—	5	5	R	o
*	2	2	2	1	1	1	R	R	3	o

Autres par 384 chances.

*	5	5	5	5	2	2	4	3	1	
*	4	4	4	4	5	5	3	2	1	
*	—	—	—	—	3	3	7	2	1	
*	—	—	—	—	2	2	6	5	1	
*	—	—	—	—	1	1	7	5	2	
*	—	—	—	—	—	—	6	5	3	
*	3	3	3	3	6	6	5	2	1	
*	—	—	—	—	5	5	7	2	1	
*	—	—	—	—	4	4	6	5	1	
*	—	—	—	—	2	2	R	5	1	o
	—	—	—	—	—	—	7	5	4	
*	—	—	—	—	1	1	R	6	2	o
*	—	—	—	—	—	—	7	6	5	
*	2	2	2	2	7	7	6	3	1	
*	—	—	—	—	—	—	5	4	1	
*	—	—	—	—	6	6	7	4	1	
	—	—	—	—	—	—	5	4	3	
*	—	—	—	—	5	5	R	3	1	o
*	—	—	—	—	—	—	7	6	1	
	—	—	—	—	—	—	—	4	3	
*	—	—	—	—	4	4	R	5	1	o
	—	—	—	—	—	—	7	6	3	
*	—	—	—	—	3	3	R	7	1	o
	—	—	—	—	—	—	7	6	5	
*	—	—	—	—	1	1	R	7	5	o
*	1	1	1	1	7	7	6	5	3	

Suite par 9 Cartes.

*	1	1	1	1	6	6	R	4	2	o
*	—	—	—	—	—	—	7	5	4	
*	—	—	—	—	5	5	R	6	2	o
*	—	—	—	—	4	4	R	7	3	o
*	—	—	—	—	3	3	R	D	2	o
*	—	—	—	—	—	—	—	7	5	o
*	—	—	—	—	2	2	R	D	4	o

par 864 chances.

*	6	6	6	4	4	2	2	1	1
*	4	4	4	7	7	2	2	1	1
*	—	—	—	6	6	3	3	—	—
	—	—	—	5	5	3	3	2	2
*	2	2	2	7	7	5	5	1	1
	—	—	—	6	6	4	4	3	3

par 1024 chances.

*	6	6	6	2	2	2	4	3	1	
*	—	—	—	1	1	1	5	4	2	
*	5	5	5	2	2	2	7	3	1	
*	—	—	—	—	—	—	6	4	1	
*	—	—	—	1	1	1	7	4	3	
*	4	4	4	2	2	2	R	3	1	o
*	—	—	—	—	—	—	7	6	1	
	—	—	—	—	—	—	6	5	3	
*	—	—	—	1	1	1	R	5	2	o
*	3	3	3	2	2	2	R	6	1	o
	—	—	—	—	—	—	7	6	4	
*	—	—	—	1	1	1	R	6	4	o
*	2	2	2	1	1	1	R	D	3	o
*	—	—	—	—	—	—	—	7	6	o

Autres par 1024 chances.

*	3	3	3	3	7	6	4	2	1	
*	2	2	2	2	R	6	4	3	1	o
*	1	1	1	1	R	7	6	3	2	o
*	—	—	—	—	—	—	5	4	2	o
*	—	—	—	—	—	6	5	4	3	o

par 2304 chances.

*	6	6	6	3	3	1	1	4	2
*	—	—	—	2	2	1	1	5	3
*	5	5	5	4	4	3	3	2	1
*	—	—	—	3	3	2	2	6	1
*	—	—	—	—	—	1	1	7	2
*	—	—	—	2	2	1	1	7	4

Suite par 9 Cartes.

*	1	2	3	4	5	6	7	8	9	
*	4	4	4	6	6	2	2	3	1	
*	-	-	-	5	5	1	1	6	2	
*	-	-	-	3	3	1	1	R	2	o
*	-	-	-	-	-	-	-	7	5	
*	3	3	3	7	7	2	2	4	1	
*	-	-	-	-	-	1	1	5	2	
*	-	-	-	6	6	4	4	2	1	
*	-	-	-	-	-	1	1	7	2	
*	-	-	-	-	-	-	-	5	4	
*	-	-	-	5	5	1	1	7	4	
*	-	-	-	4	4	2	2	R	1	o
	-	-	-	-	-	-	-	6	5	
*	-	-	-	-	-	1	1	7	6	
*	-	-	-	2	2	1	1	R	7	o
*	2	2	2	7	7	4	4	3	1	
*	-	-	-	-	-	3	3	5	1	
*	-	-	-	-	-	1	1	6	4	
*	-	-	-	6	6	5	5	3	1	
*	-	-	-	-	-	4	4	5	1	
*	-	-	-	-	-	3	3	7	1	
*	-	-	-	-	-	1	1	7	5	
*	-	-	-	5	5	4	4	7	1	
	-	-	-	-	-	3	3	6	4	
*	-	-	-	-	-	1	1	R	4	o
	-	-	-	4	4	3	3	7	5	
*	-	-	-	-	-	1	1	R	6	o
*	1	1	1	7	7	5	5	3	2	
*	-	-	-	-	-	4	4	5	2	
*	-	-	-	-	-	3	3	5	4	
*	-	-	-	-	-	2	2	6	5	
*	-	-	-	6	6	5	5	4	3	
*	-	-	-	-	-	4	4	7	2	
*	-	-	-	-	-	3	3	7	4	
*	-	-	-	-	-	2	2	R	3	o
*	-	-	-	5	5	3	3	7	6	
*	-	-	-	4	4	3	3	R	5	o
*	-	-	-	-	-	2	2	R	7	o

par 5184 chances.

*	1	2	3	4	5	6	7	8	9
*	7	7	4	4	3	3	1	1	2
*	-	-	3	3	2	2	1	1	6
*	6	6	5	5	3	3	1	1	2
*	-	-	-	-	2	2	1	1	4

Suite par 9 Cartes.

*	1	2	3	4	5	6	7	8	9	
*	5	5	4	4	3	3	1	1	6	
*	5	5	3	3	2	2	1	1	R	o

par 6144 chances.

*	1	2	3	4	5	6	7	8	9	
*	5	5	5	1	1	6	4	3	2	
*	4	4	4	3	3	6	5	2	1	
*	-	-	-	2	2	7	5	3	1	
*	-	-	-	1	1	7	6	3	2	
*	3	3	3	5	5	6	4	2	1	
*	-	-	-	4	4	7	5	2	1	
*	-	-	-	2	2	7	6	5	1	
*	-	-	-	1	1	R	5	4	2	o
*	2	2	2	3	3	R	5	4	1	o
*	-	-	-	1	1	R	7	4	3	o
*	-	-	-	-	-	-	6	5	3	o
*	1	1	1	7	7	6	4	3	2	
*	-	-	-	6	6	7	5	3	2	
*	-	-	-	5	5	R	4	3	2	o
*	-	-	-	-	-	7	6	4	2	
*	-	-	-	4	4	R	6	3	2	o
*	-	-	-	-	-	7	6	5	3	
*	-	-	-	3	3	R	7	4	2	o
*	-	-	-	-	-	-	6	5	2	o
*	-	-	-	2	2	R	7	5	3	o
*	-	-	-	-	-	-	6	5	4	o

par 13824 chances.

*	1	2	3	4	5	6	7	8	9	
*	7	7	2	2	1	1	5	4	3	
*	6	6	2	2	1	1	7	4	3	
*	5	5	4	4	1	1	7	3	2	
*	-	-	3	3	2	2	7	4	1	
*	-	-	2	2	1	1	7	6	3	
*	4	4	3	3	2	2	7	6	1	
*	-	-	2	2	1	1	R	5	3	o
*	-	-	-	-	-	-	7	6	5	
*	3	3	2	2	1	1	R	6	4	o

par 16384 chances.

*	1	2	3	4	5	6	7	8	9
*	2	2	2	7	6	5	4	3	1

par 36864 chances.

*	1	2	3	4	5	6	7	8	9
*	3	3	1	1	7	6	5	4	2

Par

Par 10 Cartes.

Par 6 chances.

```
*  6 6 6 6 1 1 1 1 2 2
*  5 5 5 5 1 1 1 1 4 4
   4 4 4 4 3 3 3 3 2 2
*  · · · · 1 1 1 1 6 6
   3 3 3 3 2 2 2 2 6 6
*  2 2 2 2 1 1 1 1 R R   o
```

par 16 chances.

```
*  5 5 5 5 2 2 2 2 3 1
*  · · · · 1 1 1 1 6 2
*  4 4 4 4 2 2 2 2 7 1
   · · · · · · · · 5 3
*  · · · · 1 1 1 1 R 2   o
*  · · · · · · · · 7 5
   3 3 3 3 2 2 2 2 7 5
*  · · · · 1 1 1 1 R 6   o
*  2 2 2 2 1 1 1 1 R D   o
```

Autres par 16 chances.

```
*  5 5 5 5 3 3 3 1 1 1
   2 2 2 2 5 5 5 3 3 3
*  · · · · 7 7 7 1 1 1
```

par 96 chances.

```
*  5 5 5 5 2 2 2 1 1 4
*  4 4 4 4 3 3 3 1 1 5
*  · · · · 1 1 1 5 5 3
*  · · · · · · · 3 3 7
*  3 3 3 3 5 5 5 2 2 1
*  · · · · 4 4 4 1 1 6
   · · · · 2 2 2 5 5 4
   · · · · · · · 4 4 6
*  · · · · 1 1 1 6 6 5
*  · · · · · · · 5 5 7
*  2 2 2 2 6 6 6 1 1 4
*  · · · · 5 5 5 4 4 1
*  · · · · · · · 1 1 7
   · · · · 4 4 4 3 3 6
*  · · · · · · · 1 1 R   o
*  · · · · 3 3 3 7 7 1
   · · · · · · · 4 4 7
*  1 1 1 1 7 7 7 2 2 3
*  · · · · 6 6 6 4 4 2
*  · · · · · · · 3 3 4
```

Suite par 10 Cartes.

```
*  1 1 1 1 5 5 5 3 3 7
*  · · · · 4 4 4 7 7 2
*  · · · · · · · 5 5 6
*  · · · · · · · 3 3 R   o
*  · · · · 3 3 3 7 7 5
*  · · · · · · · 6 6 7
*  · · · · 2 2 2 6 6 R   o
```

par 216 chances.

```
*  5 5 5 5 3 3 2 2 1 1
*  4 4 4 4 5 5 2 2 1 1
*  3 3 3 3 7 7 2 2 1 1
*  · · · · 5 5 4 4 1 1
*  2 2 2 2 7 7 4 4 1 1
*  · · · · 6 6 5 5 1 1
   · · · · 5 5 4 4 3 3
*  1 1 1 1 7 7 5 5 2 2
*  · · · · · · 4 4 3 3
*  · · · · 6 6 5 5 3 3
```

par 256 chances.

```
*  6 6 6 3 3 3 1 1 1 2
*  · · · 2 2 2 1 1 1 5
*  5 5 5 4 4 4 1 1 1 2
   4 4 4 3 3 3 2 2 2 5
```

Autres par 256 chances.

```
*  5 5 5 5 1 1 1 4 3 2
*  4 4 4 4 2 2 2 6 3 1
*  · · · · 1 1 1 6 5 2
*  3 3 3 3 4 4 4 5 2 1
*  · · · · 2 2 2 7 6 1
*  · · · · 1 1 1 R 5 2   o
*  · · · · · · · 7 6 4
*  2 2 2 2 4 4 4 6 5 1
*  · · · · 3 3 3 R 4 1   o
   · · · · · · · 6 5 4
*  · · · · 1 1 1 R 7 4   o
*  · · · · · · · · 6 5   o
*  1 1 1 1 6 6 6 5 3 2
*  · · · · 5 5 5 7 4 2
*  · · · · · · · 6 4 3
*  · · · · 4 4 4 7 6 3
*  · · · · 3 3 3 R 7 2   o
*  · · · · · · · · 5 4   o
```

Suite par 10 Cartes.

```
* 1 1 1 1 2 2 2 R 7 5   o
        par 576 chances.
* 4 4 4 4 3 3 2 2 5 1
* - - - - - - 1 1 6 2
* - - - - 2 2 1 1 7 3
* 3 3 3 3 6 6 1 1 4 2
* - - - - 5 5 1 1 6 2
* - - - - 4 4 2 2 7 1
* - - - - 2 2 1 1 R 4   o
* 2 2 2 2 7 7 1 1 5 3
* - - - - 6 6 4 4 3 1
* - - - - - - 3 3 5 1
* - - - - - - 1 1 7 3
* - - - - 5 5 3 3 7 1
* - - - - 3 3 1 1 R 6   o
* 1 1 1 1 7 7 3 3 6 2
* - - - - - - 2 2 6 4
* - - - - 6 6 5 5 4 2
* - - - - - - 4 4 5 3
* - - - - - - 2 2 7 5
* - - - - 5 5 4 4 7 3
* - - - - - - 3 3 R 2   o
* - - - - - - 2 2 R 4   o
* - - - - 4 4 2 2 R 6   o
        Autres par 576 chances.
* 6 6 6 2 2 2 3 3 1 1
* 5 5 5 1 1 1 4 4 3 3
* 4 4 4 2 2 2 6 6 1 1
* 3 3 3 1 1 1 6 6 4 4
        par 1536 chances.
* 3 3 3 3 2 2 6 5 4 1
* - - - - 1 1 7 5 4 2
* 2 2 2 2 5 5 6 4 3 1
* - - - - 4 4 7 5 3 1
* - - - - 3 3 7 6 4 1
* - - - - 1 1 R 5 4 3   o
* - - - - - - 7 6 5 4
* 1 1 1 1 7 7 5 4 3 2
* - - - - 6 6 7 4 3 2
* - - - - 5 5 7 6 3 2
* - - - - 4 4 R 5 3 2   o
* - - - - - - 7 6 5 2
```

Suite par 10 Cartes.

```
* 1 1 1 1 3 3 R 6 4 2   o
* - - - - - - 7 6 5 4
* - - - - 2 2 R 7 4 3   o
* - - - - - - 6 5 3   o
        Autres par 1536 chances.
* 6 6 6 1 1 1 2 2 4 3
* 5 5 5 2 2 2 3 3 4 1
* - - - - - - 1 1 6 3
* - - - 1 1 1 3 3 6 2
* - - - - - - 2 2 7 3
* - - - - - - - 6 4
* 4 4 4 3 3 3 2 2 6 1
* - - - - - - 1 1 7 2
* - - - - 2 2 5 5 3 1
* - - - - - - 3 3 7 1
* - - - - - - 1 1 7 5
* - - - 1 1 1 6 6 3 2
* - - - - - - 3 3 6 5
* - - - - - - 2 2 R 3   o
* - - - - - - - 7 6   o
* 3 3 3 2 2 2 6 6 4 1
* - - - - - - 5 5 6 1
* - - - - - - 1 1 R 5   o
* - - - 1 1 1 7 7 4 2
* - - - - - - 5 5 6 4
* - - - - - - 4 4 R 2   o
* - - - - - - - 7 5
* - - - - - - 2 2 R 6   o
* 2 2 2 1 1 1 7 7 6 3
* - - - - - - - 5 4
* - - - - - - 6 6 7 4
* - - - - - - 5 5 R 3   o
* - - - - - - - 7 6
* - - - - - - 4 4 R 5   o
* - - - - - - 3 3 R 7   o
        par 3456 chances.
* 5 5 5 4 4 2 2 1 1 3
* 4 4 4 5 5 3 3 1 1 2
* 3 3 3 6 6 2 2 1 1 5
* - - - 5 5 4 4 2 2 1
* - - - - 2 2 1 1 7
* 2 2 2 7 7 3 3 1 1 4
                        Suite
```

Suite par 10 Cartes.

```
*  2 2 2 5 5 4 4 1 1 6
*  - - - 4 4 3 3 1 1 R   o
*  1 1 1 7 7 4 4 2 2 3
*  - - - - - 3 3 2 2 5
*  - - - 6 6 5 5 2 2 3
*  - - - - - 4 4 - - 5
*  - - - - - 3 3 - - 7
*  - - - 5 5 4 4 2 2 7
          par 4096 chances.
*  4 4 4 1 1 1 7 5 3 2
*  3 3 3 2 2 2 7 5 4 1
*  - - - 1 1 1 7 6 5 2
*  2 2 2 1 1 1 R 6 4 3   o
          par 7776 chances.
*  6 6 4 4 3 3 2 2 1 1
          par 9216 chances.
*  4 4 4 2 2 1 1 6 5 3
*  3 3 3 4 4 1 1 6 5 2
*  - - - 2 2 1 1 7 6 4
*  2 2 2 6 6 1 1 5 4 3
*  - - - 5 5 1 1 7 4 3
*  - - - 4 4 3 3 6 5 1
*  - - - - - 1 1 7 6 3
*  - - - 3 3 1 1 7 6 5
*  1 1 1 6 6 3 3 5 4 2
*  - - - 5 5 3 3 7 4 2
*  - - - 4 4 3 3 7 6 2
*  - - - 3 3 2 2 R 5 3   o
          par 20736 chances.
*  5 5 3 3 2 2 1 1 6 4
*  4 4 - - - - - - 7 5
          par 24576 chances.
*  1 1 1 2 2 7 6 5 4 3
```

Par 11 Cartes.

```
          Par 4 chances.
   3 3 3 3 2 2 2 2 4 4 4
          par 24 chances.
*  5 5 5 5 1 1 1 1 3 3 2
*  - - - - - - - - - 2 2 4
```

Suite par 11 Cartes.

```
*  4 4 4 4 2 2 2 2 1 1 6
*  - - - - 1 1 1 1 5 5 2
*  - - - - - - - - 3 3 6
*  3 3 3 3 2 2 2 2 1 1 R   o
*  - - - - 1 1 1 1 7 7 2
*  - - - - - - - - 6 6 4
*  - - - - - - - - 5 5 6
*  2 2 2 2 1 1 1 1 7 7 6
*  - - - - - - - - 5 5 R   o
          par 64 chances.
*  4 4 4 4 1 1 1 1 7 3 2
*  3 3 3 3 2 2 2 2 7 4 1
*  - - - - - - - - 6 5 1
*  - - - - 1 1 1 1 R 4 2   o
*  - - - - - - - - 7 5 4
*  2 2 2 2 1 1 1 1 R 7 3   o
*  - - - - - - - - - 6 4   o
          Autres par 64 chances.
*  5 5 5 5 2 2 2 1 1 1 5
*  4 4 4 4 3 3 3 2 2 2 1
*  - - - - 2 2 2 1 1 1 7
*  3 3 3 3 5 5 5 1 1 1 2
*  - - - - 4 4 4 1 1 1 5
*  2 2 2 2 6 6 6 1 1 1 3
*  - - - - 5 5 5 1 1 1 6
*  1 1 1 1 6 6 6 2 2 2 4
*  - - - - 5 5 5 3 3 3 4
*  - - - - - - - 2 2 2 7
*  - - - - 4 4 4 3 3 3 7
*  - - - - - - - 2 2 2 R   o
          par 144 chances.
*  3 3 3 3 2 2 2 6 6 1 1
*  2 2 2 2 4 4 4 5 5 1 1
*  1 1 1 1 6 6 6 3 3 2 2
*  - - - - 4 4 4 6 6 2 2
*  - - - - - - - 5 5 3 3
*  - - - - 2 2 2 7 7 4 4
*  - - - - - - - 6 6 5 5
          par 384 chances.
*  4 4 4 4 1 1 1 2 2 6 3
*  - - - - - - - 3 3 5 2
*  3 3 3 3 2 2 2 4 4 5 1
```

Suite

Suite par 11 Cartes.

```
* 3 3 3 3 2 2 2 1 1 7 5
* - - - - 1 1 1 4 4 7 2
* - - - - - - - 2 2 7 6
* 2 2 2 2 4 4 4 3 3 5 1
* - - - - - - - 1 1 7 3
* - - - - 3 3 3 5 5 4 1
* - - - - - - - 4 4 6 1
* - - - - - - - 1 1 7 6
* - - - - 1 1 1 7 7 4 3
* - - - - - - - 6 6 5 4
* - - - - - - - 5 5 7 4
* - - - - - - - 4 4 R 3   o
* - - - - - - - - - 7 6
* - - - - - - - 3 3 R 5   o
* 1 1 1 1 5 5 5 4 4 3 2
* - - - - - - - 2 2 6 3
* - - - - 4 4 4 2 2 7 5
* - - - - 3 3 3 6 6 5 2
* - - - - - - - 5 5 7 2
* - - - - - - - 4 4 6 5
* - - - - - - - 2 2 R 5   o
* - - - - 2 2 2 7 7 5 3
* - - - - - - - 6 6 7 3
* - - - - - - - 3 3 R 6   o
```

Autres
par 384 chances.

```
* 5 5 5 3 3 3 2 2 2 1 1
* 3 3 3 2 2 2 1 1 1 7 7
```

par 864 chances.

```
* 3 3 3 3 5 5 2 2 1 1 4
* - - - - 4 4 2 2 1 1 6
* 2 2 2 2 6 6 3 3 1 1 4
* - - - - 5 5 3 3 1 1 6
* 1 1 1 1 7 7 3 3 2 2 4
* - - - - 6 6 4 4 3 3 2
* - - - - 5 5 4 4 2 2 6
* - - - - 4 4 3 3 2 2 R   o
```

par 1024 chances.

```
* 4 4 4 3 3 3 1 1 1 6 2
* - - - 2 2 2 1 1 1 6 5
* 3 3 3 2 2 2 1 1 1 R 4   o
```

Suite par 11 Cartes.

Autres par 1024 chances.

```
* 3 3 3 3 1 1 1 6 5 4 2
* 2 2 2 2 1 1 1 7 6 5 3
* 1 1 1 1 4 4 4 6 5 3 2
* - - - - 3 3 3 7 6 4 2
* - - - - 2 2 2 R 5 4 3   o
* - - - - - - - 7 6 5 4
```

par 2304 chances.

```
* 2 2 2 2 4 4 1 1 6 5 3
* - - - - 3 3 1 1 7 5 4
* 1 1 1 1 5 5 2 2 7 4 3
* - - - - 4 4 2 2 7 6 3
* - - - - 3 3 2 2 7 6 5
```

Autres par 2304 chances.

```
* 4 4 4 3 3 3 2 2 1 1 5
* - - - 2 2 2 3 3 1 1 6
* - - - 1 1 1 5 5 2 2 3
* - - - - - - 3 3 2 2 7
* 3 3 3 2 2 2 4 4 1 1 7
* 2 2 2 1 1 1 6 6 4 4 3
* - - - - - - - - 3 3 5
* - - - - - - 5 5 3 3 7
```

par 5184 chances.

```
* 2 2 2 5 5 4 4 3 3 1 1
```

par 6144 chances.

```
* 3 3 3 2 2 2 1 1 6 5 4
* - - - 1 1 1 2 2 7 5 4
* 2 2 2 1 1 1 5 5 6 4 3
* - - - - - - 4 4 7 5 3
* - - - - - - 3 3 7 6 4
```

par 13824 chances.

```
* 1 1 1 4 4 3 3 2 2 6 5
```

Par 12 Cartes.

Par 1 chance.

```
* 5 5 5 5 2 2 2 2 1 1 1 1
* 4 4 4 4 3 3 3 3 1 1 1 1
```

par 16 chances.

```
* 4 4 4 4 2 2 2 2 1 1 1 5
* - - - - 1 1 1 1 2 2 2 6
```

Suite

Suite par 12 Cartes.

```
* 3 3 3 3 1 1 1 1 2 2 2 R   o
```
Par 36 chances.
```
* 4 4 4 4 2 2 2 2 3 3 1 1
* 3 3 3 3 2 2 2 2 5 5 1 1
* . . . . 1 1 1 1 6 6 2 2
* 2 2 2 2 1 1 1 1 7 7 3 3
* . . . . . . . . 6 6 4 4
```
par 96 chances.
```
* 4 4 4 4 1 1 1 1 2 2 5 3
* 3 3 3 3 2 2 2 2 1 1 6 4
* . . . . 1 1 1 1 5 5 4 2
* . . . . . . . . 4 4 6 2
* . . . . . . . . 2 2 7 5
* 2 2 2 2 1 1 1 1 6 6 5 3
* . . . . . . . . 5 5 7 3
* . . . . . . . . . . 6 4
* . . . . . . . . 4 4 7 5
* . . . . . . . . 3 3 R 4   o
```
Autres par 96 chances.
```
* 3 3 3 3 4 4 4 2 2 2 1 1
* 2 2 2 2 3 3 3 1 1 1 6 6
* 1 1 1 1 4 4 4 2 2 2 5 5
```
par 256 chances.
```
* 3 3 3 3 2 2 2 1 1 1 7 4
* . . . . . . . . . . 6 5
* 2 2 2 2 3 3 3 1 1 1 7 5
* 1 1 1 1 4 4 4 2 2 2 7 3
* . . . . 3 3 3 2 2 2 7 6
```
Autres par 256 chances.
```
* 2 2 2 2 1 1 1 1 7 6 4 3
```
par 576 chances.
```
* 3 3 3 3 1 1 1 4 4 2 2 5
* 2 2 2 2 3 3 3 4 4 1 1 5
* . . . . 1 1 1 5 5 4 4 3
* . . . . . . . 4 4 3 3 7
* 1 1 1 1 4 4 4 3 3 2 2 6
* . . . . 3 3 3 4 4 2 2 7
```

Suite par 12 Cartes.

```
* 1 1 1 1 2 2 2 5 5 3 3 6
```
par 1296 chances.
```
* 1 1 1 1 5 5 4 4 3 3 2 2
```
par 1536 chances.
```
* 4 4 4 2 2 2 1 1 1 3 3 5
* 3 3 3 2 2 2 1 1 1 5 5 4
* . . . . . . . . . 4 4 6
```
Autres par 1536 chances.
```
* 2 2 2 2 1 1 1 3 3 6 5 4
* 1 1 1 1 2 2 2 3 3 7 5 4
* . . . . . . . 4 4 6 5 3
```

Par 13 Cartes.

Par 24 chances.
```
* 4 4 4 4 1 1 1 1 2 2 2 3 3
* 3 3 3 3 1 1 1 1 2 2 2 5 5
* . . . . . . . . 4 4 4 2 2
```
par 64 chances.
```
* 3 3 3 3 1 1 1 1 2 2 2 6 4
* . . . . 2 2 2 2 1 1 1 5 4
* 2 2 2 2 1 1 1 1 3 3 3 7 4
* . . . . . . . . . . . 6 5
```
Autres par 64 chances.
```
* 2 2 2 2 4 4 4 3 3 3 1 1 1
```
par 144 chances.
```
* 2 2 2 2 1 1 1 1 4 4 3 3 6
```
par 384 chances.
```
* 1 1 1 1 3 3 3 2 2 2 4 4 5
```

Par 14 Cartes.

Par 6 chances.
```
* 3 3 3 3 2 2 2 2 1 1 1 1 4 4
```

RECAPITULATION DES MANIERES POUR XXXII.

	Manieres	Par quelle quantité de Cartes.	Toraux des Manieres.
3 Modes par 16 chances font . . .	48.		
3 . . . . par 36	108.	} . . . IV	. . . . 2332.
12 . . . . par 96	1152.		
4 . . . . par 256	1024.		
1 . . . . par 4	4.		
7 . . . . par 24	168.		
13 . . . . par 64	832.		
18 . . . . par 144	2592.	} . . , V	. . . 33932.
31 . . . . par 384	11904.		
18 . . . . par 1024	18432.		
6 . . . . par 6	36.		
12 . . . . par 16	192.		
15 . . . . par 96	1440.		
8 . . . . par 216	1728.		
24 . . . . par 256	6144.	} . . . VI	. . . 185796.
50 . . . . par 576	28800.		
64 . . . . par 1536	98304.		
12 . . . . par 4096	49152.		
1 . . . . par 4	4.		
22 . . . . par 24	528.		
19 . . . . par 64	1216.		
6 . . . . par 144	864.		
73 . . . . par 384	28032.		
28 . . . . par 864	24192.	} . . . VII . .	. . . . 513844.
47 . . . . par 1024	48128.		
69 . . . . par 2304	158976.		
33 . . . . par 6144	202752.		
3 . . . . par 16384	49152.		
3 . . . . par 1	3.		
12 . . . . par 16	192.		
10 . . . . par 36	360.		
53 . . . . par 96	5088.		
	5643.		735904.

	Manieres	Par quelle quantité de Cartes.	Totaux des Manieres.
cyontre	5643.	. . . .	. . . 735904.
65 Modes par 256 chances font .	16640.		
32 . . . . par 576	18432.		
8 . . . . par 1296	10368.		
92 . . . . par 1536	141312.	. . VIII . .	. . 840331.
34 . . . par 3456	117504.		
20 . . . . par 4096	81920.		
38 . . . . par 9216	350208.		
4 . . . . par 24576	98304.		
2 . . . . par 4	8.		
8 . . . . par 24	192.		
36 . . . . par 64	2304.		
40 . . . . par 144	5760.		
88 . . . . par 384	33792.		
6 . . . . par 864	5184.		
39 . . . . par 1024 . , ...	39936.	. . . IX . . .	. . . 749448.
59 . . . . par 2304	135936.		
8 . . . . par 5184	41472.		
41 . . . . par 6144	251904.		
13 . . . . par 13824	179712.		
1 . . . . par 16384	16384.		
1 . . . . par 36864	36864.		
8 . . . . par 6	48.		
18 . . . . par 16	288.		
33 . . . . par 96	3168.		
10 . . . . par 216	2160.		
37 . . . . par 256	9472.		
36 . . . . par 576	20736.		
70 . . . . par 1536	107520.	. . , X . . .	. . . 426112.
16 . . . . par 3456	55296.		
6 . . . . par 4096	24576.		
1 . . . . par 7776	7776.		
14 . . . . par 9216	129024.		
2 . . . . par 20736	41472.		
1 . . . . par 24576	24576.		
			2751795.

	Manieres	Par quelle quantité de Cartes.	Totaux des Manieres.
		de l'autre part	. . 2751795.
1 Modes par 4 chances font	4.		
15 . . . . par 24	360.		
27 . . . . par 64	1728.		
7 . . . . par 144	1008.		
37 . . . . par 384	14208.		
10 . . . . par 864	8640.	. . . XI . . .	. . . 118940.
13 . . . . par 1024	13312.		
13 . . . . par 2304	29952.		
1 . . . . par 5184	5184.		
5 . . . . par 6144	30720.		
1 . . . . par 13824	13824.		
2 . . . . par 1	2.		
5 . . . . par 16	80.		
5 . . . . par 36	180.		
15 . . . . par 96	1440.		
6 . . . . par 256	1536.	. . XII . .	. . . . 17782.
7 . . . . par 576	4032.		
1 . . . . par 1296	1296.		
6 . . . . par 1536	9216.		
3 . . . . par 24	72.		
5 . . . . par 64	320.	. . XIII . .	. . . . . 920.
1 . . . . par 144	144.		
1 . . . . par 384	384.		
1 . . . . par 6 . . . . XIV . . . . 6.			

Total des Manieres pour XXXII.   2889443.

DE-

DEDUCTIONS SUR LES MANIERES POUR XXXII.

	Par quelle quantité de Cartes.	Totaux par chaque quantité de Cartes.
6 Cinquiemes de 24 font . . . . . 28. $\frac{4}{14}$		
3 . . . . de 64 . . . . 38. $\frac{2}{12}$		
12 . . . . de 144 . . . . . . 345. $\frac{3}{13}$ . . . V . . .	. . . 2256.
8 . . . . de 384 . . . . . . 614. $\frac{2}{12}$		
6 . . . . de 1024 . . . . . 1228. $\frac{4}{14}$		
2 Sixiemes de 16 . . . . 5 $\frac{2}{1}$		
1 . . . . . . de 96 . . . . 16.		
6 . . . . . . de 216 . . . . 216.		
7 . . . . . . de 256 . . . . 298. $\frac{4}{1}$ . . VI . . .	. . . 20696.
34 . . . . . . de 576 . . . . . . 3264.		
42 . . . . . . de 1536 . . . . . 10752.		
9 . . . . . . de 4096 . . . . . . 6144.		
8 Septiemes de 24 . . . . 27. $\frac{3}{6}$		
6 . . . . . de 64 . . . . 54. $\frac{1}{6}$		
79 . . . . . de 384 . . . . 4333. $\frac{5}{1}$		
34 . . . . . de 864 . . . . . . 4196. $\frac{4}{1}$ . . VII . .	. . . 81682.
48 . . . . . de 1024 . . . . . 7021. $\frac{5}{1}$		
78 . . . . . de 2304 . . . . . 25673. $\frac{1}{1}$		
38 . . . . . . de 6144 . . . . . 33353. $\frac{1}{1}$		
3 . . . . . . de 16384 . . . . . 7021. $\frac{5}{1}$		
4 Huitiemes de 1 4		
16 . . . . de 16 . . . . 32.		
16 . . . . de 36 . . . . 72.		
82 . . . . de 96 . . . . 984.		
100 . . . . . . de 256 . . . . . 3200.		
37 . . . . de 576 . . . . . 2664.		
12 . . . . de 1296 . . . . 1944. . . VIII . .	. . . 163568.
152 . . . . . . de 1536 . . . . 29184.		
57 . . . . de 3456 . . . . 24624.		
38 . . . . de 4096 . . . . 19456.		
52 . . . . de 9216 . . . . 59904.		
7 . . . . de 24576 . . . 21504.		
		268202.

	Par quelle quantité de Cartes.	Totaux par chaque quantité de Cartes.
	de l'autre part	... 268202.

```
 4 Neuviemes de 4 font . . . . .    1.   7/9  ⎫
 8 . . . . . . . de   24 . . . . . . . 21.  3/9  ⎪
75 . . . . . . . de   64 . . . . . . 533.  2/9  ⎪
98 . . . . . . . de  144 . . . . . 1568.       ⎪
190 . . . . . . de  384 . . . . . 8106.  6/9  ⎪
 8 . . . . . . . de  864 . . . . . . 768.       ⎬ . . . IX . . .  . . . . 172535.
92 . . . . . . . de 1024 . . . . 10467.  5/9  ⎪
115 . . . . . . de 2304 . . . . 29440.       ⎪
16 . . . . . . . de 5184 . . . . 9216.        ⎪
96 . . . . . . . de 6144 . . . . 65536.      ⎪
24 . . . . . . . de 13824 . . . 36864.       ⎪
 1 . . . . . . . de 16384 . . . . 1820.  4/9  ⎪
 2 . . . . . . . de 36864 . . . . 8192.       ⎭

24 Dixiemes de 6 . . . . . . . . .   14.  4/10 ⎫
52 . . . . . . de  16 . . . . . . . . . 83.  2/10 ⎪
87 . . . . . . de  96 . . . . . . . . 835.  2/10 ⎪
24 . . . . . de  216 . . . . . . . . 518.  4/10 ⎪
104 . . . . de  256 . . . . . . . 2662.  4/10 ⎪
99 . . . . . de  576 . . . . . . 5702.  4/10 ⎪
196 . . . . de 1536 . . . . . 30105.  6/10 ⎬ . . . X . . .  . . . . 106898.
37 . . . . . de 3456 . . . . . 12787.  2/10 ⎪
16 . . . . . . de 4096 . . . . . 6553.  6/10 ⎪
 2 . . . . . . de 7776 . . . . . 1555.  2/10 ⎪
33 . . . . . . de 9216 . . . . 30412.  8/10 ⎪
 4 . . . . . . de 20736 . . . . 8294.  4/10 ⎪
 3 . . . . . . de 24576 . . . . 7372.  8/10 ⎭

52 Onziemes de 24 . . . . . . .   113.  5/11 ⎫
93 . . . . . . de  64 . . . . . . . 541.  1/11 ⎪
24 . . . . . . de 144 . . . . . . . 314.  2/11 ⎪
113 . . . . . de 384 . . . . . . 3944.  8/11 ⎪
32 . . . . . . de 864 . . . . . . 2513.  5/11 ⎬ . . . XI . . .  . . . . . 31898.
45 . . . . . . de 1024 . . . . . 4189.  1/11 ⎪
37 . . . . . . de 2304 . . . . . 7749.  2/11 ⎪
 2 . . . . . . de 5184 . . . . . . 942.  6/11 ⎪
14 . . . . . . de 6144 . . . . . 7819.  7/11 ⎪
 3 . . . . . . de 13824 . . . . 3770.  2/11 ⎭
```

579533.

	Par quelle quantité de Cartes.	Totaux par chaque quantité de Cartes.
	cyconcre . .	. . . 579533.
8 Douziemes de 1 font 8		
19 . . . . de 16 . . . . 25. 4/4		
16 . . . . de 36 . . . . 48.		
55 . . . . de 96 . . . . . . 440.	. . XII . . .	. . . . . 5058.
21 . . . . de 256 . . . . . . 448.		
23 . . . . de 576 . . . . 1104.		
4 . . . . de 1296 . . . . . 432.		
20 . . . . de 1536 . . . . 2560.		
12 Treiziemes de 24 . . . . 22. 2/8		
18 . . . . de 64 . . . . . . 88. 8/4		
4 . . . . de 144 . . . . . 44. 4/2	. . XIII . .	. . . . . 273.
4 . . . . de 384 . . . . . 118. 2/1		
4 Quatorziemes de 6 . . . . 1. 10/10	. . XIV . .	. . . . 2.

Total des Déductions fur XXXII. 584866.

RECAPITULATION GENERALE POUR XXXII.

Quantité des Cartes.	Totaux des Manieres.	Déductions.	Il Refte net.
IV. . . .	. . 2332	. . . .	. . . 2332.
V. . . .	. 33932	. . . 2256	. . 31676.
VI. . . .	185796	. 20696	. . 165100.
VII. . .	513844	. 81682	. . 432162.
VIII. . .	840331	. 163568	. . 676763.
IX. . . .	749448	. 172535	. . 576913.
X. . . .	426112	. 106898	. . 319214.
XI. . . .	118940	. 31898	. . 87042.
XII. . .	. . 17782	. . . 5058	. . 12724.
XIII. . .	. . . 920	. . . 273	. . . . 647.
XIV. . .	. . . . 6	. . . . . 2	. . . . . 4.

AR-

ARTICLE TROISIEME.

Description des Modes du Nombre XXXIII.

LE détail, que j'ai donné des Modes pour **XXXI** & **XXXII**, me paroît bien suffisant pour aprendre la façon de trouver ceux des autres Nombres; & je crois qu'on ne me sauroit pas grand gré de grossir cet ouvrage d'une centaine de pages, en continuant à détailler les Modes des huit autres Nombres. C'est-pour-quoi, je ne ferai présentement que donner un exemple de chaque sorte de Modes, par chaque quantité de Cartes; ce qui sera commode à ceux qui voudront veriffier mon ouvrage, & leur suffira pour trouver les Modes que je ne décris point.

Par 4 Cartes.	Par 6 Cartes.	Suite par 7 Cartes.
Modes.	Par 16 chances.	Autre par 64 chances.
Par 16 chances.	7 7 7 7 4 1	7 7 7 2 2 2 6
R R R 3	Autre par 16 chances.	par 144 chances.
par 96 chances.	R R R 1 1 1	7 7 7 5 5 1 1
R R D 3	par 96 chances.	par 384 chances.
par 256 chances.	7 7 7 5 5 2	7 7 7 4 4 3 1
R D V 3	par 256 chances.	par 864 chances.
	7 7 7 6 5 1	R R 4 4 2 2 1
Par 5 Cartes.	par 576 chances.	par 1024 chances.
Par 4 chances.	R R 5 5 2 1	7 7 7 6 3 2 1
7 7 7 7 5	par 1536 chances.	par 1304 chances.
par 24 chances.	R R 7 3 2 1	R R 3 3 4 2 1
7 7 7 6 6	par 4096 chances.	par 6144 chances.
par 64 chances.	R D 7 3 2 1	7 7 6 5 4 3 1
R R R 2 1		par 16384 chances.
par 144 chances.	**Par 7 Cartes.**	R 7 6 4 3 2 1
R R 6 6 1	Par 4 chances.	
par 384 chances.	6 6 6 6 3 3 3	**Par 8 Cartes.**
R R D 2 1	par 24 chances.	Par 16 chances.
par 1024 chances.	7 7 7 7 2 2 1	7 7 7 7 1 1 1 2
R D V 2 1	par 64 chances.	par 96 chanches.
	6 6 6 6 5 3 1	7 7 7 2 2 2 3 3

Suite

Suite par 8 Cartes.

Autre par 46 chances.
6 6 6 6 3 3 2 1
par 256 chances.
5 5 5 5 7 3 2 1
Autre par 256 chances.
7 7 7 3 3 3 2 1
par 576 chances.
7 7 7 4 4 1 1 2
par 1536 chances.
7 7 7 2 2 4 3 1
par 3456 chances.
R R 2 2 1 1 4 3
par 4096 chances.
6 6 6 5 4 3 2 1
par 9216 chances.
7 7 3 3 6 4 2 1
par 24576 chances.
5 5 7 6 4 3 2 1

Par 9 Cartes.

Par 4 chances.
6 6 6 6 2 2 2 2 1
par 24 chances.
6 6 6 6 1 1 1 3 3
par 64 chances.
6 6 6 6 1 1 1 4 2
Autre par 64 chances.
7 7 7 3 3 3 1 1 1
par 144 chances.
5 5 5 5 4 4 2 2 1
par 384 chances.
7 7 7 2 2 2 1 1 4
Autre par 384 chances.
5 5 5 5 3 3 4 2 1
par 864 chances.
7 7 7 3 3 2 2 1 1
par 1024 chances.
4 4 4 4 6 5 3 2 1
Autre par 1024 chances.
7 7 7 1 1 1 4 3 2
par 2304 chances.
6 6 6 4 4 1 1 3 2

Suite par 9 Cartes.

Par 5184 chances.
7 7 5 5 2 2 1 1 3
par 6144 chances.
5 5 5 2 2 6 4 3 1
par 13824 chances.
7 7 3 3 1 1 5 4 2
par 16284 chances.
1 1 1 R 6 5 4 3 2
par 36864 chances.
3 3 2 2 7 6 5 4 1

Par 10 Cartes.

Par 16 chances.
6 6 6 6 1 1 1 1 3 2
Autre par 16 chances.
6 6 6 6 2 2 2 1 1 1
par 96 chances.
5 5 5 5 3 3 3 1 1 2
par 256 chances.
7 7 7 2 2 2 1 1 1 3
Autre par 256 chances.
4 4 4 4 3 3 3 5 2 1
par 576 chances.
5 5 5 5 2 2 1 1 4 3
Autre par 576 chances.
6 6 6 3 3 3 2 2 1 1
par 1536 chances.
6 6 6 2 2 2 1 1 4 3
Autre par 1536 chances.
3 3 3 3 2 2 7 5 4 1
par 3456 chances.
5 5 5 4 4 3 3 1 1 2
par 4096 chances.
5 5 5 1 1 1 6 4 3 2
par 9216 chances.
4 4 4 3 3 1 1 6 5 2
par 20736 chances.
6 6 3 3 2 2 1 1 5 4
par 24576 chances.
2 2 2 1 1 7 6 5 4 3

Par 11 Cartes.

Par 4 chances.
5 5 5 5 1 1 1 1 3 3 3
par 24 chances.
5 5 5 5 2 2 2 1 1 3
par 64 chances.
5 5 5 5 1 1 1 1 4 3 2
Autre par 64 chances.
5 5 5 5 2 2 2 1 1 1 4
par 144 chances.
5 5 5 5 1 1 1 3 3 2 2
par 384 chances.
6 6 6 2 2 2 1 1 1 3 3
Autre par 384 chances.
4 4 4 4 2 2 2 1 1 6 3
par 864 chances.
4 4 4 4 3 3 2 2 1 1 5
par 1014 chances.
3 3 3 3 1 1 1 7 5 4 2
Autre par 1024 chances.
5 5 5 3 3 3 1 1 1 4 2
par 2304 chances.
3 3 3 3 2 2 1 1 6 5 4
Autre par 2304 chances.
5 5 5 2 2 2 3 3 1 1 4
par 5184 chances.
3 3 3 5 5 4 4 2 2 1 1
par 6144 chances.
1 1 1 1 2 2 7 6 5 4 3
Autre par 6144 chances.
4 4 4 1 1 1 2 2 6 5 3
par 13824 chances.
2 2 2 4 4 3 3 1 1 6 5

Par 12 Cartes.

Par 16 chances.
5 5 5 5 1 1 1 1 2 2 2 3
par 96 chances.
4 4 4 4 1 1 1 1 3 3 5 2
Autre par 96 chances.
4 4 4 4 3 3 3 2 2 2 1 1
par 256 chances.
3 3 3 3 1 1 1 1 6 5 4 2

Suite

Suite par 12 Cartes.

Autre par 256 chances.
4 4 4 4 2 2 2 1 1 1 5 3
Autre par 256 chances.
5 5 5 3 3 3 2 2 2 1 1 1
par 576 chances.
3 3 3 3 2 2 2 4 4 1 1 5
par 1536 chances.
4 4 4 3 3 3 1 1 1 2 2 5
Autre par 1536 chances.
2 2 2 2 1 1 1 4 4 6 5 3
par 3456 chances.
1 1 1 1 4 4 3 3 2 2 6 5
Autre par 3456 chances.
2 2 2 1 1 1 5 5 4 4 3 3
par 4096 chances.
3 3 3 2 2 2 1 1 1 6 5 4

Par 13 Cartes.

Par 4 chances.
4 4 4 4 2 2 2 2 1 1 1 1 5

Suite par 13 Cartes.

par 24 chances.
4 4 4 4 1 1 1 1 3 3 3 2 2
par 64 chances.
3 3 3 3 2 2 2 2 1 1 1 6 4
par 144 chances.
2 2 2 2 1 1 1 1 4 4 3 3 7
par 384 chances.
2 2 2 2 3 3 3 1 1 1 4 4 5
Autre par 384 chances.
2 2 2 2 1 1 1 1 3 3 6 5 4

Par 14 Cartes.

Par 16 chances.
2 2 2 2 1 1 1 1 4 4 4 3 3 3
Autre par 16 chances.
3 3 3 3 2 2 2 2 1 1 1 1 5 4

RECAPITULATION POUR XXXIII.

Quantité des Cartes.	Totaux des Manieres.	Déductions.	Il Reste net.
IV . . :	. . . . 1936	. . . .	. . . . 1936.
V . . .	. . 31772	. . . . 4298	. . . 27474.
VI . . .	. . 197472	. . . 41749	. . . 155723.
VII . .	. . 605752	. . 175063	. . . 430689.
VIII . .	. . 1029936	. . . 362274	. . 667662.
IX . . .	. . 1002216	. . . 407787	. . . 594429.

Je ne comprens pas dans cette Récapitulation, ni dans les suivantes, les Modes par plus de 9 Cartes; le détail, que j'en ai donné précedement, n'est que de pure curiosité; je ferai voir dans la Troisieme Partie qu'il auroit été fort inutil de le continuer.

RT I.

ARTICLE QUATRIEME.

Description des Modes du Nombre XXXIV.

Par 4 Cartes.

Modes.
Par 16 chances.
R R R 4
par 36 chances.
R R 7 7
par 96 chances.
R R D 4
par 256 chances.
R D V 4

Par 5 Cartes.

Par 4 chances.
7 7 7 7 6
par 14 chances.
R R R 2 2
par 64 chances.
R R R 3 1
par 144 chances.
R R 6 6 2
par 384 chances.
R R D 3 1
par 1024 chances.
R D V 3 1

Par 6 Cartes.

Par 6 chances.
7 7 7 7 3 3
par 16 chances.
7 7 7 7 5 1
par 95 chances.
R R R 1 1 2

Suite par 6 Cartes.

par 216 chances.
R R 6 6 1 1
par 256 chances.
7 7 7 R 2 1
par 576 chances.
R R 5 5 3 1
par 1536 chances.
R R 7 4 2 1
par 4096 chances.
R D 7 4 2 1

Par 7 Cartes.

Par 4 chances.
7 7 7 7 2 2 2
par 14 chances.
7 7 7 7 1 1 4
par 64 chances.
7 7 7 7 3 2 1
Autre par 64 chances.
7 7 7 4 4 4 1
par 144 chances.
6 6 6 7 7 1 1
par 384 chances.
7 7 7 5 5 2 1
par 864 chances.
R R 5 5 1 1 2
par 1024 chances.
7 7 7 6 4 2 1
par 2304 chances.
R R 4 4 3 2 1
par 6144 chances.
7 7 R 4 3 2 1

Suite par 7 Cartes.

par 16384 chances.
R 7 6 5 3 2 1

Par 8 Cartes.

Par 16 chances.
7 7 7 7 1 1 1 3
par 36 chanches.
7 7 7 7 2 2 1 1
par 96 chances.
7 7 7 3 3 3 2 2
Autre par 96 chances.
6 6 6 6 2 2 5 1
par 256 chances.
6 6 6 6 4 3 2 1
Autre par 256 chances.
7 7 7 2 2 2 6 1
par 576 chances.
7 7 7 4 4 2 2 1
par 1296 chances.
R R 4 4 2 2 1 1
par 1536 chances.
7 7 7 3 3 4 2 1
par 3456 chances.
R R 3 3 1 1 4 2
par 4096 chances.
5 5 5 7 6 3 2 1
par 9216 chances.
7 7 5 5 4 3 2 1
par 24576 chances.
6 6 7 5 4 3 2 1

I   Par

Par 9 Cartes.

Par 4 chances.

7 7 7 7 1 1 1 1 2

par 24 chances.

5 5 5 5 4 4 4 1 1

par 64 chances.

6 6 6 6 2 2 2 3 1

par 144 chances.

6 6 6 6 3 3 1 1 2

par 384 chances.

7 7 7 3 3 3 1 1 2

Autre par 384 chances.

5 5 5 5 4 4 3 2 1

par 864 chances.

6 6 6 5 5 2 2 1 1

par 1024 chances.

4 4 4 4 7 5 3 2 1

Autre par 1024 chances.

7 7 7 1 1 1 5 3 2

par 2304 chances.

7 7 7 2 2 1 1 4 3

Par 5184 chances.

7 7 5 5 3 3 1 1 2

par 6144 chances.

6 6 6 1 1 5 4 3 2

par 13824 chances.

7 7 4 4 1 1 5 3 2

par 16384 chances.

3 3 3 7 6 5 4 2 1

par 36864 chances.

4 4 2 2 7 6 5 3 1

Par 10 Cartes.

Par 6 chances.

6 6 6 6 2 2 2 1 1

par 16 chances.

6 6 6 6 1 1 1 1 4 2

Autre par 16 chances.

4 4 4 4 5 5 5 1 1 1

par 96 chances.

6 6 6 6 1 1 1 2 2 3

par 216 chances.

5 5 5 5 4 4 2 2 1 1

Suite par 10 Cartes.

par 256 chances.

7 7 7 2 2 2 1 1 1 4

Autre par 256 chances.

5 5 5 5 2 2 2 4 3 1

par 576 chances.

5 5 5 5 3 3 1 1 4 2

Autre par 576 chances.

7 7 7 1 1 1 3 3 2 2

par 1536 chances.

6 6 6 2 2 2 1 1 5 3

Autre par 1536 chances.

4 4 4 4 1 1 6 5 3 2

par 3456 chances.

6 6 6 3 3 2 2 1 1 4

par 4096 chances.

5 5 5 1 1 1 7 4 3 2

Autres par 4096 chances.

2 2 2 2 7 6 5 4 3 1

par 7776 chances.

7 7 4 4 3 3 2 2 1 1

par 9216 chances.

5 5 5 2 2 1 1 6 4 3

par 20736 chances.

6 6 4 4 2 2 1 1 5 3

par 55296 chances.

3 3 2 2 1 1 7 6 5 4

Par 11 Cartes.

Par 4 chances.

6 6 6 6 1 1 1 1 2 2 2

par 24 chances.

5 5 5 5 2 2 2 2 1 1 4

par 64 chances.

4 4 4 4 2 2 2 2 6 3 1

Autre par 64 chances.

5 5 5 5 3 3 3 1 1 1 2

par 144 chances.

5 5 5 5 2 2 2 3 3 1 1

par 384 chances.

6 6 6 3 3 3 1 1 1 2 2

Autre par 384 chances.

5 5 5 5 1 1 1 2 2 4 3

Suite

Suite par 11 Cartes.

par 864 chances.
4 4 4 4 3 3 2 2 1 1 6
par 1024 chances.
3 3 3 3 2 2 2 6 5 4 1
Autre par 1024 chances.
6 6 6 2 2 2 1 1 1 4 3
par 2304 chances.
3 3 3 3 2 2 1 1 7 5 4
Autre par 2304 chances.
5 5 5 3 3 2 2 1 1 4
par 5184 chances.
4 4 4 5 5 3 3 2 2 1 1
par 6144 chances.
1 1 1 1 3 3 7 6 5 4 2
Autre par 6144 chances.
4 4 4 2 2 2 1 1 6 5 3
par 13824 chances.
3 3 3 4 4 2 2 1 1 6 5
par 16384 chances.
2 2 2 1 1 1 7 6 5 4 3

Par 12 Cartes.

Par 16 chances.
5 5 5 5 2 2 2 2 1 1 1 3
par 36 chances.
4 4 4 4 3 3 3 3 2 2 1 1
par 96 chances.
4 4 4 2 2 2 2 1 1 5 3
Autre par 96 chances.
3 3 3 3 5 5 5 1 1 1 2 2
par 256 chances.
3 3 3 3 1 1 1 1 7 5 4 2
Autre par 256 chances.
4 4 4 4 2 2 2 1 1 1 6 3
par 576 chances.
3 3 3 3 2 2 2 5 5 1 1 4
par 1296 chances.
2 2 2 2 5 5 4 4 3 3 1 1
par 1536 chances.
4 4 4 3 3 3 2 2 2 1 1 5
Autre par 1536 chances.
2 2 2 2 3 3 3 1 1 6 5 4

Suite par 12 Cartes.

par 3456 chances.
3 3 3 1 1 1 5 5 4 4 2 2
Autre par 3456 chances.
1 1 1 1 5 5 3 3 2 2 6 4
par 4096 chances.
3 3 3 2 2 2 1 1 1 7 5 4
par 9216 chances.
2 2 2 1 1 1 4 4 3 3 6 5

Par 13 Cartes.

Par 4 chances.
4 4 4 4 3 3 3 3 1 1 1 1 2
par 24 chances.
3 3 3 3 2 2 2 2 4 4 4 1 1
par 64 chances.
3 3 3 3 2 2 2 2 1 1 1 6 5
Autre par 64 chances.
4 4 4 4 3 3 3 2 2 2 1 1 1
par 144 chances.
3 3 3 3 1 1 1 1 5 5 2 2 4
par 384 chances.
3 3 3 3 2 2 2 1 1 1 4 4 5
Autre par 384 chances.
2 2 2 2 1 1 1 1 4 4 6 5 3
par 864 chances.
1 1 1 1 2 2 2 5 5 4 4 3 3
par 2024 chances.
1 1 1 1 3 3 3 2 2 2 6 5 4

Par 14 Cartes.

Par 6 chances.
4 4 4 4 2 2 2 2 1 1 1 1 3 3
Par 16 chances.
3 3 3 3 1 1 1 1 4 4 4 2 2 2
Autre par 16 chances.
3 3 3 3 2 2 2 2 1 1 1 1 6 4
par 96 chances.
2 2 2 2 1 1 1 1 3 3 3 4 4 5

RECAPITULATION POUR XXXIV.

Quantité des Cartes.	Totaux des Manieres.	Déductions.	Il Reste net.
IV . .	. . . . 1276	. . . .	. . . . 1276.
V . . .	. . . 29432	. . . . 5670	. . . 23762.
VI . . .	. . 201378	. . . 60775	. . 140603.
VII . .	. . 655436	. . 265091	. . 390345.
VIII . .	. 1248012	. . 596717	. . 651295.
IX . . .	. 1343232	. . 732687	. . 610545.

ARTICLE CINQUIEME.

Description des Modes du Nombre XXXV.

Par 4 Cartes.

Modes.
Par 16 chances.
R R R 5
par 96 chances.
R R D 5
par 256 chances.
R D V 5

Par 5 Cartes.

Par 14 chances.
5 5 5 R R
par 64 chances.
R R R 4 1
par 144 chances.
R R 7 7 1
par 384 chances.
R R D 4 1
par 1024 chances.
R D V 4 1

Par 6 Cartes.

Par 16 chances.
7 7 7 7 6 1
par 96 chances.
R R R 2 2 1
par 256 chances.
7 7 7 R 3 1
par 576 chances.
R R 6 6 2 1
par 1536 chances.
R R 7 5 2 1
par 4096 chances.
R D 7 5 2 1

Par 7 Cartes.

par 24 chances.
7 7 7 7 3 3 1
par 64 chances.
7 7 7 7 4 2 1

Suite par 7 Cartes.

Autre par 64 chances.
R R R 1 1 1 2
par 144 chances.
7 7 7 6 6 1 1
par 384 chances.
7 7 7 5 5 3 1
par 864 chances.
R R 5 5 2 2 1
par 1024 chances.
7 7 7 6 5 2 1
par 2304 chances.
R R 3 3 6 2 1
par 6144 chances.
R R 5 4 3 2 1
par 16384 chances.
R D 5 4 3 2 1

Par

Par 8 Cartes.

Par 16 chances.
7 7 7 7 2 2 2 1
par 96 chances.
7 7 7 4 4 4 1 1
Autre par 96 chances.
7 7 7 7 1 1 3 2
par 156 chances.
6 6 6 6 5 3 2 1
Autre par 256 chances.
7 7 7 3 3 3 4 1
par 576 chances.
7 7 7 5 5 1 1 2
par 536 chances.
7 7 7 4 4 3 2 1
par 3456 chances.
R R 4 4 1 1 3 2
par 4096 chances.
6 6 6 7 4 3 2 1
par 9216 chances.
7 7 1 1 R 4 3 2
par 24576 chances.
7 7 6 5 4 3 2 1

Par 9 Cartes.

Par 4 chances.
6 6 6 6 2 2 2 2 3
par 24 chances.
6 6 6 6 3 3 3 1 1

Suite par 9 Cartes.

par 64 chances.
6 6 6 6 2 2 2 4 1
par 144 chances.
6 6 6 6 3 3 2 2 1
par 384 chances.
7 7 7 3 3 3 2 2 1
Autre par 384 chances.
6 6 6 6 1 1 4 3 2
par 864 chances.
7 7 7 4 4 2 2 1 1
par 1024 chances.
4 4 4 4 7 6 3 2 1
Autre par 1024 chances.
7 7 7 1 1 1 6 3 2
par 2304 chances.
7 7 7 3 3 1 1 4 2
par 5184 chances.
7 7 5 5 3 3 2 2 1
par 6144 chances.
6 6 6 2 2 5 4 3 1
par 13824 chances.
7 7 4 4 2 2 5 3 1
par 16384 chances.
2 2 2 R 6 5 4 3 1
par 36864 chances.
4 4 3 3 7 6 5 2 1

RECAPITULATION POUR XXXV.

Quantité des Cartes.	Totaux des Manieres.	Déductions.	Il Reste net.
IV. . . .	. . . 880	. . . .	. . . 880.
V. . . .	. 26264	. . . 6656	. . 19608.
VI. . . .	202064	. 78064	. . 124000.
VII. . .	737752	. 368579	. . 369173.
VIII. . .	1483930	. 866438	. . 617492.
IX. . . .	1727800	1120474	. . 607326.

AR-

ARTICLE SIXIEME.

Description des Modes du Nombre XXXVI.

Par 4 Cartes.

Modes.
Par 16 chances.
R R R 6
par 96 chances.
R R D 6
par 256 chances.
R D V 6

Par 5 Cartes.

Par 24 chances.
R R R 3 3
par 64 chances.
R R R 5 1
par 144 chances.
R R 7 7 2
par 384 chances.
R R D 5 1
par 1024 chances.
R D V 5 1

Par 6 Cartes.

Par 6 chances.
7 7 7 7 4 4
par 16 chances.
7 7 7 7 6 2
Autre par 16 chances.
R R R 2 2 2
par 96 chances.
R R R 1 1 4
par 216 chances.
R R 7 7 1 1

Suite par 6 Cartes.

par 256 chances.
R R R 3 2 1
par 576 chances.
R R 6 6 3 1
par 1536 chances.
R R D 3 2 1
par 4096 chances.
R D V 3 2 1

Par 7 Cartes.

Par 4 chances.
6 6 6 6 4 4 4
par 24 chances.
7 7 7 7 3 3 2
par 64 chances.
7 7 7 7 5 2 1
Autre par 64 chances.
R R R 1 1 1 3
par 144 chances.
R R R 2 2 1 1
par 384 chances.
7 7 7 6 6 2 1
par 864 chances.
R R 6 6 1 1 2
par 1024 chances.
7 7 7 6 5 3 1
par 1304 chances.
R R 5 5 3 2 1
par 6144 chances.
R R 6 4 3 2 1
par 16384 chances.
R D 6 4 3 2 1

Par 8 Cartes.

Par 1 chance.
7 7 7 7 2 2 2 2
par 16 chances.
7 7 7 7 1 1 1 5
par 36 chances.
7 7 7 7 3 3 1 1
par 96 chances.
7 7 7 1 1 1 6 6
Autre par 96 chances.
7 7 7 7 2 2 3 1
par 256 chances.
5 5 5 5 7 6 2 1
Autre par 256 chances.
7 7 7 4 4 4 2 1
par 576 chances.
7 7 7 5 5 2 2 1
par 1296 chances.
R R 5 5 2 2 1 1
par 1536 chances.
7 7 7 3 3 6 2 1
par 3456 chances.
R R 4 4 2 2 3 1
par 4096 chances.
6 6 6 7 5 3 2 1
par 9216 chances.
7 7 6 6 4 3 2 1
par 24576 chances.
5 5 R 6 4 3 2 1

Par 9 Cartes.

Par 4 chances.
7 7 7 7 1 1 1 1 4

Suite

Suite par 9 Cartes.	Suite par 9 Cartes.
par 24 chances.	Autre par 1024 chances.
7 7 7 7 2 2 2 1 1	7 7 7 1 1 1 6 4 2
par 64 chances.	par 2304 chances.
7 7 7 7 1 1 1 3 2	7 7 7 4 4 1 1 3 2
Autre par 64 chances.	par 5184 chances.
7 7 7 4 4 4 1 1 1	7 7 5 5 3 3 1 1 4
par 144 chances.	par 6144 chances.
6 6 6 6 4 4 1 1 2	6 6 6 3 3 5 4 2 1
par 384 chances.	par 13824 chances.
7 7 7 3 3 3 1 1 4	7 7 5 5 2 2 4 3 1
Autre par 384 chances.	par 16384 chances.
6 6 6 6 1 1 5 3 2	2 2 2 R 7 5 4 3 1
par 864 chances.	par 36864 chances.
6 6 6 5 5 3 3 1 1	5 5 3 3 7 6 4 2 1
par 1024 chances.	
5 5 5 5 6 4 3 2 1	

RECAPITULATION POUR XXXVI.

Quantité des Cartes.	Totaux des Manieres.	Déductions.	Il Reste net.
IV. . . .	. . . . 880 . .	. . . .	. . . . . . 880.
V. . . .	. . . . . 22184 . .	. . . . . 7184 . .	. . . . . 15000.
VI. . . .	. . . . 201064 . .	. . . . 94478 . .	. . . . 106586.
VII. . .	. . . . 795284 . .	. . . . 468180 . .	. . . . 327104.
VIII. . .	. . . 1673018 . .	. . . 1121065 . .	. . . . 551953.
IX. . . .	. . . 2317404 . .	. . . 1750521 . .	. . . . 566883.

ARTICLE SEPTIEME.

Description des Modes du Nombre XXXVII.

Par 4 Cartes.

Modes.
Par 16 chances.
R R R 7
par 96 chances.
R R D 7
par 256 chances.
R D V 7

Par 5 Cartes.

Par 64 chances.
R R R 6 1
par 144 chances.
R R 7 7 3
par 384 chances.
R R D 6 1
par 1024 chances.
R D V 6 1

Par 6 Cartes.

Par 16 chances.
7 7 7 7 6 3
par 96 chances.
R R R 3 3 1
par 256 chances.
R R R 4 2 1
par 576 chances.
R R 7 7 2 1
par 1536 chances.
R R D 4 2 1
par 4096 chances.
R D V 4 2 1

Par 7 Cartes.

Par 4 chances.
4 4 4 4 7 7 7
par 24 chances.
7 7 7 7 4 4 1
par 64 chances.
7 7 7 7 6 2 1
Autre par 64 chances.
R R R 2 2 2 1
par 144 chances.
7 7 7 6 6 2 2
par 384 chances.
R R R 1 1 3 2
par 864 chances.
R R 6 6 2 2 1
par 1024 chances.
7 7 7 R 3 2 1
par 2304 chances.
R R 5 5 4 2 1
par 6144 chances.
R R 7 4 3 2 1
par 16384 chances.
R D 7 4 3 2 1

Par 8 Cartes.

Par 16 chances.
7 7 7 7 2 2 2 3
par 96 chances.
R R R 1 1 1 2 2
Autre par 96 chances.
7 7 7 7 3 3 2 1
par 256 chances.
6 6 6 6 7 3 2 1

Suite par 8 Cartes.

Autre par 256 chances.
7 7 7 4 4 4 3 1
par 576 chances.
7 7 7 6 6 1 1 2
par 1536 chances.
7 7 7 5 5 3 2 1
par 3456 chances.
R R 5 5 1 1 3 2
par 4096 chances.
7 7 7 6 4 3 2 1
par 9216 chances.
R R 2 2 5 4 3 1
par 24576 chances.
6 6 R 5 4 3 2 1

Par 9 Cartes.

Par 4 chances.
7 7 7 7 2 2 2 2 1
Par 24 chances.
7 7 7 7 1 1 1 3 3
par 64 chances.
7 7 7 7 1 1 1 4 2
par 144 chances.
7 7 7 7 2 2 1 1 3
par 384 chances.
7 7 7 4 4 4 1 1 2
Autre par 384 chances.
5 5 5 5 1 1 R 3 2
par 864 chances.
7 7 7 5 5 2 2 1 1
par 1024 chances.
5 5 5 5 7 4 3 2 1

Suite

Suite par 9 Cartes.	Suite par 9 Cartes.
Autre par 1024 chances.	par 13824 chances.
7 7 7 3 3 3 4 2 1	7 7 6 6 1 1 4 3 2
par 2304 chances.	par 16384 chances.
7 7 7 4 4 2 2 3 1	3 3 3 R 6 5 4 2 1
par 5184 chances.	par 36864 chances.
R R 4 4 2 2 1 1 3	7 7 2 2 6 5 4 3 1
par 6144 chances.	
7 7 7 1 1 5 4 3 2	

RECAPITULATION POUR XXXVII.

Quantité des Cartes.	Totaux des Manieres.	Déductions.	Il Reste net.
IV....	880		880.
V....	19728	7853	11875.
VI....	191520	105811	85709.
VII...	844788	567277	277511.
VIII...	1928338	1454314	474024.
IX....	2671223	2175963	495260.

ARTICLE HUITIEME.

Description des Modes du Nombre XXXVIII.

Par 5 Cartes.	Suite par 5 Cartes.	Suite par 6 Cartes.
Modes.	par 384 chances.	par 96 chances.
	R R D 7 1	R R R 3 3 2
Par 4 chances.	par 1024 chances.	par 216 chances.
7 7 7 7 R	R D V 7 1	R R 7 7 2 2
Par 24 chances.		par 256 chances.
R R R 4 4		R R R 5 2 1
par 64 chances.	Par 6 Cartes.	par 576 chances.
R R R 7 1		R R 7 7 3 1
par 144 chances.	par 16 chances.	par 1536 chances.
R R 7 7 4	6 6 6 6 R 4	R R D 5 2 1

K

Suite

Suite par 6 Cartes.	Par 8 Cartes.	Par 9 Cartes.
par 4096 chances.	par 16 chances.	Par 4 chances.
R D V 5 2 1	1 1 1 1 R R R 4	6 6 6 6 1 1 1 1 R
	par 36 chances.	par 24 chances.
Par 7 Cartes.	4 4 4 4 R R 1 1	3 3 3 3 2 2 2 R R
Par 4 chances.	par 96 chances.	par 64 chances.
2 2 2 2 R R R	R R R 2 2 2 2 1	4 4 4 4 2 2 2 R 6
par 24 chances.	Autre par 96 chances.	par 144 chances.
6 6 6 6 2 2 R	6 6 6 6 1 1 R 2	5 5 5 5 3 3 1 1 R
par 64 chances.	par 256 chances.	par 384 chances.
6 6 6 6 R 3 1	5 5 5 5 R 4 3 1	7 7 7 1 1 1 2 2 R
Autre par 64 chances.	Autre par 256 chances.	Autre par 384 chances.
R R R 1 1 1 5	7 7 7 2 2 2 R 1	5 5 5 5 2 2 R 3 1
par 144 chances.	par 576 chances.	par 864 chances.
R R R 3 3 1 1	6 6 6 4 4 1 1 R	4 4 4 R R 2 2 1 1
par 384 chances.	par 1296 chances.	par 1024 chances.
R R R 2 2 3 1	R R 6 6 2 2 1 1	4 4 4 4 R 6 3 2 1
par 864 chances.	par 1536 chances.	Autre par 1024 chances.
R R 7 7 1 1 2	7 7 7 1 1 R 3 2	6 6 6 2 2 2 R 3 1
par 1024 chances.	par 3456 chances.	par 2304 chances.
7 7 7 R 4 2 1	R R 5 5 2 2 3 1	6 6 6 3 3 1 1 R 2
par 2304 chances.	par 4096 chances.	Par 5184 chances.
R R 6 6 3 2 1	6 6 6 R 4 3 2 1	R R 3 3 2 2 1 1 6
par 6144 chances.	par 9216 chances.	par 6144 chances.
R R 7 5 3 2 1	R R 3 3 5 4 2 1	5 5 5 3 3 R 4 2 1
par 16384 chances.	par 24576 chances.	par 13824 chances.
R D 7 5 3 2 1	3 3 R D 5 4 2 1	R R 2 2 1 1 5 4 3
	par 65536 chances.	par 16384 chances.
	R 7 6 5 4 3 2 1	3 3 3 R 7 5 4 2 1
		par 36864 chances.
		6 6 1 1 R 5 4 3 2

RECAPITULATION POUR XXXVIII.

Quantité des Cartes.	Totaux des Manieres.	Déductions.	Il Reste net.
V....	... 17964 ...	... 8405	... 9559.
VI....	.. 183752 ...	. 118264	... 65488.
VII...	.. 869136 ...	. 650811	.. 218325.
VIII...	. 2060210 ...	1681415	.. 378795.
IX....	. 2847756 ...	2455595	.. 392161.

AR-

ARTICLE NEUVIEME.

Description des Modes du Nombre XXXIX.

Par 5 Cartes.

Modes.

Par 64 chances.
R R R 7 2
par 144 chances.
R R 7 7 5
par 384 chances.
R R D 7 2
par 1024 chances.
R D V 7 2

Par 6 Cartes.

Par 16 chances.
7 7 7 7 R 1
Autre par 16 chances.
R R R 3 3 3
par 96 chances.
R R R 4 4 1
par 256 chances.
R R R 6 2 1
par 576 chances.
R R 7 7 4 1
par 1536 chances.
R R D 6 2 1
par 4096 chances.
R D V 6 2 1

Par 7 Cartes.

par 24 chances.
4 4 4 4 R R 3

Suite par 7 Cartes.

par 64 chances.
6 6 6 6 R 4 1
Autre par 64 chances.
R R R 2 2 2 3
par 144 chances.
5 5 5 R R 2 2
par 384 chances.
R R R 2 2 4 1
par 864 chances.
R R 7 7 2 2 1
par 1024 chances.
7 7 7 R 5 2 1
par 2304 chances.
R R 6 6 4 2 1
par 6144 chances.
R R 7 6 3 2 1
par 16384 chances.
R D 7 6 3 2 1

Par 8 Cartes.

Par 16 chances.
5 5 5 5 3 3 3 R
par 96 chances.
R R R 1 1 1 3 3
Autre par 96 chances.
6 6 6 6 2 2 R 1
par 256 chances.
5 5 5 5 R 6 2 1
Autre par 256 chances.
R R R 1 1 1 4 2
par 576 chances.
7 7 7 3 3 1 1 R

Suite par 8 Cartes.

par 1536 chances.
7 7 7 2 2 R 3 1
par 3456 chances.
R R 6 6 1 1 3 2
par 4096 chances.
6 6 6 R 5 3 2 1
par 9216 chances.
R R 4 4 5 3 2 1
par 24576 chances.
7 7 R 5 4 3 2 1

Par 9 Cartes.

Par 24 chances.
4 4 4 4 1 1 1 R R
par 64 chances.
6 6 6 6 1 1 1 R 2
Autre par 64 chances.
R R R 2 2 2 1 1 1
par 144 chances.
3 3 3 3 R R 1 1 5
par 384 chances.
7 7 7 2 2 2 1 1 R
Autre par 384 chances.
5 5 5 5 3 3 R 2 1
par 864 chances.
3 3 3 R R 4 4 1 1
par 1024 chances.
4 4 4 4 R 7 3 2 1
Autre par 1024 chances.
7 7 7 1 1 1 R 3 2
par 2304 chances.
6 6 6 2 2 1 1 R 5

 Suite

Suite par 9 Cartes.	Suite par 9 Cartes.
par 5184 chances.	par 16384 chances.
R R 5 5 2 2 1 1 3	4 4 4 R 6 5 3 2 1
par 6144 chances.	par 36864 chances.
6 6 6 1 1 R 4 3 2	6 6 2 2 R 5 4 3 1
par 13824 chances.	par 98304 chances.
R R 3 3 1 1 5 4 2	1 1 R 7 6 5 4 3 2

RECAPITULATION POUR XXXIX.

Quantité des Cartes.	Totaux des Manieres.	Déductions.	Il Reste net.
V	. . . 13728	. . . . 6125	. . . . 7603.
VI	. . 171088	. . . 105496	. . . 65592.
VII . .	. . 898311	. . 658901	. . 239410.
VIII . .	. . 2309556	. . 1844868	. . 464688.
IX . . .	. . 3602612	. . 3079657	. . . 522955.

ARTICLE DIXIEME.

Description des Modes du Nombre XL.

Par 4 Cartes.	Par 5 Cartes.	Par 6 Cartes.
Modes.	Par 24 chances.	Par 6 chances.
	R R R 5 5	5 5 5 5 R R
Par 1 chance.	par 64 chances.	Par 16 chances.
R R R R	R R R 7 3	7 7 7 7 R 2
Par 16 chances.	par 144 chances.	par 96 chances.
R R R D	R R 7 7 6	R R R 4 4 2
par 36 chances.	par 384 chances.	par 216 chances.
R R D D	R R D 7 3	R R 7 7 3 3
par 96 chances.	par 1024 chances.	par 256 chances.
R R D V	R D V 7 3	R R R 7 2 1
		par 576 chances.
		R R 7 7 5 1

Suite

Suite par 6 Cartes.	Par 8 Cartes.	Suite par 9 Cartes.
par 1536 chances.	Par 16 chances.	par 64 chances.
R R D 7 2 1	6 6 6 6 2 2 2 R	6 6 6 6 1 1 1 R 3
par 4096 chances.	par 36 chanches.	par 144 chances.
R D V 7 2 1	4 4 4 4 R R 2 2	6 6 6 6 2 2 1 1 R
	par 96 chances.	par 384 chances.
Par 7 Cartes.	6 6 6 6 1 1 R 4	R R R 1 1 1 2 2 3
par 24 chances.	par 256 chances.	Autre par 384 chances.
7 7 7 7 1 1 R	6 6 6 6 R 3 2 1	5 5 5 5 1 1 R 6 2
par 64 chances.	Autre par 256 chances.	par 864 chances.
6 6 6 6 R 5 1	R R R 2 2 2 3 1	4 4 4 R R 3 3 1 1
Autre par 64 chances.	par 576 chances.	par 1024 chances.
R R R 3 3 3 1	R R R 3 3 1 1 2	5 5 5 5 R 4 3 2 1
par 144 chances.	par 1206 chances.	Autre par 1024 chances.
R R R 4 4 1 1	R R 7 7 2 2 1 1	7 7 7 1 1 1 R 4 2
par 384 chances.	par 1536 chances.	par 2304 chances.
R R R 2 2 5 1	7 7 7 3 3 R 2 1	7 7 7 2 2 1 1 R 3
par 864 chances.	par 3456 chances.	par 5184 chances.
R R 7 7 1 1 4	R R 6 6 2 2 3 1	R R 5 5 3 3 1 1 2
par 1024 chances.	par 4096 chances.	par 6144 chances.
R R R 4 3 2 1	5 5 5 R 7 4 3 1	6 6 6 2 2 R 4 3 1
par 2304 chances.	par 9216 chances.	par 13824 chances.
R R 7 7 3 2 1	R R 5 5 4 3 2 1	R R 4 4 1 1 5 3 2
par 6144 chances.	par 24576 chances.	par 16384 chances.
R R D 4 3 2 1	7 7 R 6 4 3 2 1	4 4 4 R 7 5 3 2 1
par 16384 chances.		par 36864 chances.
R D V 4 3 2 1	**Par 9 Cartes.**	7 7 1 1 R 5 4 3 2
	Par 24 chances.	par 98304 chances.
	2 2 2 2 4 4 4 R R	2 2 R 7 6 5 4 3 1

RECAPITULATION POUR XL.

Quantité des Cartes.	Totaux des Manieres.	Déductions.	Il Reste net.
IV. : .	. . . . 495 . .	. . . .	. . . . . 495.
V . . .	. . . . . 9944 . .	. . . . . . 4294 . .	. . . . . 5650.
VI. . .	. . . . 154306 . .	. . . . . 90980 . .	. . . . 63326.
VII. . .	. . . . 914145 . .	. . . . . 655106 . .	. . . 259039.
VIII. .	. . . 2616322 . .	. . . . 2066611 . .	. . . 549711.
IX. . .	. . . 4184744 . .	. . . 3520936 . .	. . . 663808.

FIN DE LA SECONDE PARTIE.

CALCUL

DU JEU APPELLÉ PAR LES FRANÇOIS

LE TRENTE-ET-QUARANTE,

ET QUE L' ON NOMME A FLORENCE

LE TRENTE-ET-UN.

TROISIEME PARTIE.

Réduction des Manieres fuivant leurs dif-
férens Degrez de Poffibilité, à-proportion de
la quantité de Cartes dont elles font formeés,

'Ai fait conoître les Manieres, dont chacun des 10 Nombres de ce Jeu peut être produit; il faut que je faffe voir
préfentement la neceffité qu'il y avoit de ranger les Manieres felon la quantité de Cartes dont elles font formeés.
Tout le monde reconnoît d'abord que ce feroient des gageures bien inégales, fi une perfonne devoit nommer les *fix* premieres
Cartes qui fortiroient aprez que l'on a coupé, l'autre *cinq*, & l'autre
quatre feulement. Il en eft tout-à-fait de même des Manieres & des
Modes, ceux qui font formés par peu de Cartes arrivant bien-plus fou-
vent,

vent, que ceux qui font formés par un plus grand nombre de Cartes;
L'on m'accordera donc qu'il falloit que je connuffe les Totaux des
Manieres par chaque quantité de Cartes, pour pouvoir en faire la Ré-
duction.

Examen des Cas contraires à la Rencontre de 2, 3, 4, 5, 6, 7, 8, 9, 10, 11, 12, 13, & 14 Cartes dans un Jeu de quarante Cartes.

JE fais ici cet Examen d'une façon un peu abrégeé; j'en ai déja fait
la démonſtration dans mon Calcul de la Loterie de Rome, dumoins
pour l'Ambe, le Terne, le Quaderne, & le Quine; elle peut fervir
pour la Progreſſion fuivante.

Le Jeu eſt compoſe de 40 Cartes.

Qu' il faut multiplier par . . . . 39.
____
                    ce fera . . . . . 1560.
Et ce produit doit être diviſé par . . . . . 2.
____
Ainſy il n'y aura de contraire à la
Rencontre de 2 Cartes que . . . . . . 780.   Cas contr. à 2 C.
                    multiplier par . . . . 38.
____
                                29640.
                diviſer par . . . . . 3.
____
Il y aura de contraire à la
Rencontre de 3 Cartes . . . . 9880.   Cas contr. à 3 C.
                    multiplier par . . . . 37.
____
                                365560.
                diviſer par . . . . . 4.
____
Il y aura de contraire à la
Rencontre de 4 Cartes . . . . 91390.   Cas contr. à 4 C.
                    multiplier par . . . . 36.
____
                                3290040.

Cycontre . . . . 3290040.
                 diviser par . . . . . 5.

Il y aura de contraire d la
Rencontre de 5 Cartes . . . . . . 658008.   Cas contr. à 5 C.
                 multiplier par . . . . . 35.

                              23030280.
                 diviser par . . . . 6.

Il y aura de contraire d la
Rencontre de 6 Cartes . . . . . 3838380.   Cas contr. à 6 C.
                 multiplier par . . . . 34.

                              130504920.
                 diviser par . . . . 7.

Il y aura de contraire d la
Rencontre de 7 Cartes . . . . . 18643560.   Cas contr. à 7 C.
                 multiplier par . . . . 33.

                              615237480.
                 diviser par . . . . 8.

Il y aura de contraire d la
Rencontre de 8 Cartes . . . . . 76904685.   Cas contr. à 8 C.
                 multiplier par . . . . 32.

                              2460949920.
                 diviser par . . . . 9.

Il y aura de contraire d la
Rencontre de 9 Cartes . . . . . 273438880. Cas contr. à 9 C.
                 multiplier par . . . . 31.

                              8476605280.
                 diviser par . . . . 10.

Il y aura de contraire d la
Rencontre de 10 Cartes . . . . . 847660528. Cas contr. 10. à C.
                 multiplier par . . . . 30.

                              25429815840.

L

de l'autre part . . .	25429815840.	
diviser par	11.	

Il y aura de contraire à la Rencontre de 11 *Cartes* . . . . 2311801440. Cas contr. à 11 C.

multiplier par . . . . 29.

67042241760.

diviser par . . . . 12.

Il y aura de contraire à la Rencontre de 12 *Cartes* . . . . 5586853480. Cas contr. à 12 C.

multiplier par . . . . 28.

156431897440.

diviser par . . . . 13.

Il y aura de contraire à la Rencontre de 13 *Cartes* . . . . 12033222880. Cas contr. à 13 C.

multiplier par . . . . 27.

324897017760.

diviser par . . . . 14.

Il y aura de contraire à la Rencontre de 14 *Cartes* . . . . 23206929840. Cas contr. à 14. C.

Abbréviation des chiffres qui expriment les Cas contraires à la Rencontre des différentes quantités des Cartes.

JE n'ai fait voir les Cas contraires à la Rencontre de 2, & 3 Cartes, que pour conduire commodement d'une preuve plus simple à une plus mixte; car il n'y a aucune Maniere de ce jeu qui puisse être formeé par moins de 4 Cartes. Présentement je veux abréger les chiffres qui, étant en si grand nombre, ne servent qu'à rendre les opérations plus difficiles; ce que je fais en éxaminant la proportion qui passe entre chaque quantité de Cas contraires.

Quan-

Quantité des Cartes.	Cas contraires à chaque quantité de Cartes.	Abbréviations proportionelles.
IV	91340	1.
V	658008	7. $\frac{1}{5}$
VI	3838380	42.
VII	18643560	204.
VIII	76904685	841. $\frac{1}{2}$
IX	273438880	2992.
X	847660528	9275. $\frac{1}{5}$
XI	2311801440	25296.
XII	5586853480	61132. $\frac{12}{13}$
XIII	12033222880	131668. $\frac{12}{13}$
XIV	23206929840	253932. $\frac{12}{13}$

Réduction des Manieres qui ont été troveés dans la Seconde Partie pour les Nombres 31, 32, 33, 34, 35, 36, 37, 38, 39, & 40.

L'ON a vû dans l'Article précédent qu'une Maniere par IV Cartes n'a d'éloignement de Poſſibilité que 91340 Cas, alieu qu'une Manieres par V Cartes a 658008 Cas contraires; & formant chaque Degré de Poſſibilité de 91340 Cas, l'on trouve que la Maniere par IV Cartes n'eſt éloigneé que d'1 Degré, aulieu que celle par V Cartes l'eſt de 7 Degrés & $\frac{1}{5}$; enſorte que 1 Maniere par IV Cartes eſt égale à 7 Manieres $\frac{1}{5}$ pàr V Cartes, & de même à-proportion des autres quantités des Cartes. De ces connoiſſances l'on peut facilement conclurre qu'il ſuffit de diviſer :

Les Totaux des Manieres par IV Cartes . . . . par   1.
        ceux par V . . . . par   7 $\frac{1}{5}$
        ceux par VI . . . . par   42.
        ceux par VII . . . . par 204.
        ceux par VIII . . . . par 841. $\frac{1}{2}$
        ceux par IX . . . . par 2992.

& que parlà l'on réduira toutes les Manieres au même Degré de Poſſibilitè.

Nota. Je ne réduirai pas les Manieres par plus de IX Cartes, pour éviter un détail qui n'est d'aucune utilité; car il ne se passe aucune différence sensible entre les 10 Nombres de ce Jeu par rapport aux Manieres par plus de IX Cartes, qui devant souffrir des Divisions trop fortes se réduisent presque à rien.

Nombre XXXI.

par IV Cartes	3040.	divisez par . . . 1	3040.
V	34992.	$7\frac{4}{5}$	4860.
VI	181216.	42	4315.
VII	464880.	204	2279.
VIII	665040.	$841\frac{1}{2}$	790.
IX	576536.	2992	193.

Total . . . 15477.

Nombre XXXII.

IV	2332.	divisez par . . . 1	2332.
V	31676.	$7\frac{4}{5}$	4399.
VI	165100.	42	3931.
VII	432162.	204	2118.
VIII	676763.	$841\frac{1}{2}$	804.
IX	576913.	2992	193.

Total . . . 13777.

Nombre XXXIII.

IV	1936.	divisez par . . . 1	1936.
V	27474.	$7\frac{4}{5}$	3816.
VI	155723.	42	3708.
VII	430689.	204	2111.
VIII	667662.	$841\frac{1}{2}$	793.
IX	594429.	2992	199.

Total . . . 12563.

Nom-

Nombre XXXIV.

IV	. . . . 1276.	divisez par . . . 1 $\frac{}{1}$	1276.
V	. . . . 23762.	. . . . 7 $\frac{}{5}$	3300.
VI	. . . . 140603.	. . . . 42	3348.
VII	. . . . 390345.	. . . . 204	1913.
VIII	. . . . . . 651295.	. . . . 841 $\frac{1}{2}$	774.
IX	. . . . 610545.	. . . . 2992	204.

Total . . . 10815.

Nombre XXXV.

IV	. . . . 880.	divisez par . . . 1 $\frac{}{1}$	880.
V	. . . . 19608.	. . . . 7 $\frac{}{5}$	2723.
VI	. . . . 124000.	. . . . 42	2952.
VII	. . . . 369173.	. . . . 204	1809.
VIII	. . . . . . 617492.	. . . . 841 $\frac{1}{2}$	734.
IX	. . . . 607326.	. . . . 2992	203.

Total . . . 9301.

Nombre XXXVI.

IV	. . . . 880.	divisez par . . . 1 $\frac{}{1}$	880.
V	. . . . 15000.	. . . . 7 $\frac{}{5}$	2083.
VI	. . . . 106586.	. . . . 42	2538.
VII	. . . . 327104.	. . . . 204	1604.
VIII	. . . . . . 551953.	. . . . 841 $\frac{1}{2}$	656.
IX	. . . . 566883.	. . . . 2992	189.

Total . . . 7950.

Nom-

Nombre XXXVII.

IV	880.	divisez par . . . $1\frac{1}{2}$	880.
V	11875.	$7\frac{1}{5}$	1649.
VI	85709.	42	2040.
VII	277511.	204	1360.
VIII	474024.	$841\frac{1}{2}$	563
IX	495260.	2992	166

Total . . . 6658.

Nombre XXXVIII.

V	9559.	divisez par . . . $7\frac{1}{5}$	1328.
VI	65488.	42	1559.
VII	218325.	204	1070.
VIII	378795.	$841\frac{1}{2}$	450.
IX	392161.	2992	131.

Total . . . 4538.

Nombre XXXIX.

V	7603.	divisez par . . . $7\frac{1}{5}$	1056.
VI	65592.	42	1562.
VII	239410.	204	1174.
VIII	464688.	$841\frac{1}{2}$	552.
IX	522955.	2992	175.

Total . . . 4519.

Nombre XL.

IV	495.	divisez par . . . $1\frac{1}{2}$	495.
V	5650.	$7\frac{1}{5}$	785.

1280.

		cyontre . . . . . 1280.
VI . . . . 63326.	. . . . 42	1508.
VII . . . . 259039.	. . . . 204	1270.
VIII . . . . 549711.	. . . . 841 $\frac{1}{2}$	653.
IX . . . . 663808.	. . . . 2992	222.

Total . . . 4933.

DIFFERENTES GAGEURES.

Aiant trouvé la Poſſibilité de chacun des Nombres, je vais m'en ſervir à régler les Gageures que l'on eſt dans l'vſage de faire; j'y ajoûterai ſeulement la Proportion des Paris pour chacun des 10 Nombres, ou pour pluſieurs d'eux l'un contre l'autre; car je n'ai pas crû à-propos d'éxaminer ici pluſieurs autres Gageures que l'on pourroit faire, par ce qu'il me Semble qu'elles pourroient mettre de la confuſion dans le Jeu; on les trouvera toutes dans mon Projet de Loterie, que je donnerai inceſſament au Public.

Proportion entre chacun des 10 Nombres.

Nombres.	Poſſibilitez des 10. Nombres.	Abbréviations Proportionelles.	Comment ſe doivent faire les Paris.
XXXI . . .	. . 15477 . . .	15 et demy	L'on doit païer autant de Jettons ou Piéces, que le Nombre ou les Nombres, pour les quels on parie, ont de Poſſibilitez (comme l'on voit dans la Colomne cycontre des Abbréviations Proportionelles.) Ainſi, ſi l'un parioit pour XXXIV, et l'autre pour XXXVI, celui-cy devroit païer 8 Jettons, et celui-là 11., et de même des autres Nombres.
XXXII . .	. . 13777 . . .	14	
XXXIII . .	. . 12563 . . .	12 et demy	
XXXIV . .	. . 10815 . . .	11	
XXXV . . .	. . 9301 . . .	9 et demy	
XXXVI . .	. . 7950 . . .	8.	
XXXVII . .	. . 6658 . . .	6 et demy	
XXXVIII .	. . 4538 . . .	4 et demy	
XXXIX . .	. . 4519 . . .	4 et demy	
XL	. . 4933 . . .	5	

Pour,

Pour, et Contre le Reste.

Celui qui donne le Reste a pour lui:

Donner le Reste. $\left\{\begin{array}{l}\text{XXXI , ou} \ldots \text{15 et demy}\\ \text{XXXII , ou} \ldots \text{14.}\\ \text{XXXIII , ou} \ldots \text{12 , et demy}\end{array}\right\}$ 42. *Possibilitez.*

Et celui qui prend le Reste a pour lui.

Prendre le Reste. $\left\{\begin{array}{l}\text{XXXIV , ou} \ldots \text{11.}\\ \text{XXXV , ou} \ldots \text{9. et demy}\\ \text{XXXVII , ou} \ldots \text{6. et demy}\\ \text{XXXVIII , ou} \ldots \text{4. et demy}\\ \text{XXXIX , ou} \ldots \text{4. et demy}\\ \text{LX , ou} \ldots \text{5.}\end{array}\right\}$ $\ldots$ 41.

ENsorte que, pour que les Paris fussent égaux, il faudroit que celui qui donne le Reste païât 42. , et l'autre 41. ; ou bien on pourroit donner à celui qui prend le Reste un huitiéme de la Gageure, au cas que ce fût le Nombre XXXVI qui fût tiré, ce qui rendroit les Paris égaux ; autrement il ya 2. et deux cinquiemes pour 100. de perte pour celui qui prend le Reste.

Pour XXXI, XXXII, & XL, contre XXXIII, XXXIV, & XXXV.

Le Premier a pour lui:

XXXI, XXXII, XL. $\left\{\begin{array}{l}\text{XXXI , ou} \ldots \text{15. et demy.}\\ \text{XXXII , ou} \ldots \text{14.}\\ \text{XL , ou} \ldots \text{5.}\end{array}\right\}$ 34. et demy.

Et le Second a pour lui:

XXXIII, XXXIV, XXXV. $\left\{\begin{array}{l}\text{XXXIII , ou} \ldots \text{12. et demy.}\\ \text{XXXIV , ou} \ldots \text{11.}\\ \text{XXXV , ou} \ldots \text{9. et demy.}\end{array}\right\}$ $\ldots$ 33.

Enforte que, pour que les Paris fuffent égaux, il faudroit mettre 34 &
demy contre 33, ou bien l'on pourroit donner un tiers du XXXVIII ou
du XXXIX à celui qui dit XXXIII, XXXIV, & XXXV, & alors
les Paris feroient égaux ; autrement il y a 4 & un tiers pour 100 de défavantage pour celui qui dit XXXIII, XXXIV, in XXXV.

Donner le Refte, & Dire XXXI, XXXII, & XL; contre le Refte, & XXXIII, XXXIV, & XXXV.

Dans cette Gageure je fuppofe que les deux Poules foient égales;
car fi elles ne le font pas, il faut fe régler fur ce que j'ai fait voir dans
les deux Articles précédens.

Donner le Refte, &
dire XXXI, XXXII, { XXXI } qui doivent être évalués { 31. } 59.
& XL. { XXXII } doubles, puifqu' ils font { 28 }
gagner les 2 Poules.

Prendre le Refte, & { XXXIV } qui font gagner les { 22. }
dire XXXIII, { XXXV } 2 Poules. { 19. } 56. & demy
XXXIV, & XXXV. { XXXVII } qui font gagner { 6 & demy }
{ XXXVIII } le Refte feule- { 4 & demy }
{ XXXIX } ment. { 4 & demy }

Ainfi, pour que la Gageure fût égale, il faudroit que le premier mît
59, & l'autre 56 & demy, & que l'on divisât le tout en deux parts
ou Poules égales, dont chacune feroit pour le prix d'un des Paris; autrement le dernier a 4 & un quart pour 100 de défavantage.

Donner le Refte, & dire XXXIII, XXXIV, & XXXV, contre le Refte, & XXXI, XXXII, & XL.

Je fuppofe de même les deux Poules égales.

Donner le Refte, & di-
re XXXIII, XXXIV, { XXXIII qui gagnant les 2 Poules } 25.
& XXXV. doit être évalué double.

M

Fren.

Prendre le Reste, & dire XXXI, XXXII, & XL.

XXXVII qui gagnent 6 & demy
XXXVIII le Reste seulement. 4 & demy
XXXIX lement. 4 & demy
XL qui gagne les 2 Poules 10.

25 & demy.

Ainsi, pour que la Gageure fût égale, il faudroit que le premier mît 25, & l'autre 25 & demy, & que l'on divisât le tout en deux parts ou Poules égales pour prix de chacun des Paris ; autrement le premier a 2 pour 100 de désvantage.

F I N.